图文科普大检阅

快速更替的电脑

许锴鸿　编

黄河水利出版社

·郑州·

图书在版编目（CIP）数据

快速更替的电脑 / 许锴鸿编. — 郑州 ：黄河水利
出版社，2013.10
　（图文科普大检阅）
　ISBN 978-7-5509-0579-5

　Ⅰ．①快… Ⅱ．①许… Ⅲ．①电子计算机–青年读
物 ②电子计算机–少年读物 Ⅳ．①TP30–49

中国版本图书馆 CIP 数据核字(2013)第 255929 号

出版发行:黄河水利出版社

社　　址:河南省郑州市顺河路黄委会综合楼 14 层(编码:450003)

电　　话:0371 – 66026940

网　　址:http://www.yrcp.com

印　　刷:河南承创印务有限公司

开　　本:787 mm×1 092 mm　1/16

印　　张:14.25

字　　数:236 千字

版　　次:2013 年 10 月第 1 版

定　　价:20.00 元

目 录

古代算筹的应用 /1

数学二进制 /3

第一台计算机诞生 /5

IBM 时代 /8

英特尔芯片 /11

什么是计算机程序 /13

比尔·盖茨的王国 /16

智能交通系统 /19

未来的电脑系统 /24

后 PC 机时代的到来 /30

智能电脑 /34

生物电脑 /37

网络侦探 /39

修复有术 /41

新一代互联网 /42

卫星通信安全与防范 /45

最薄弱的环节 /47

高密度存储器 /51

硅片压印法 /52

分子计算机 /53

超级计算机 /55

辨声色的电脑 /59

识别手势的计算机 /60

智能电脑轮椅 /61

梦幻电脑 /62

网络的"节点" /67

十大趋势 / 71

电线上网 /73

E-mail 准则 /75

因特网的未来 /79

今后向何处去 /85

网络空间世界 /97

网络之家 /101

电脑与工业 /104

电脑与农业 /116

电脑与军事 /128

电脑生活 /141

网络多媒体 /170

黑客与黑手 /180

网络攻防战 /188

自由无极限 /196

电脑铁事 /206

古代算筹的应用

1500 年前的南北朝，宋朝国都建康(即今南京)，威武雄壮的皇宫旁，有一间毫不起眼但很奇特的屋子，里面没有家具陈设，空旷的地面上，却有一排排、一列列长短不一的小竹片。一个中年男子正聚精会神地蹲在地上摆弄着这些竹片，一天又一天，一月又一月，他时而伫立拈须沉思，时而迅速移动地上的竹片，任凭门外春秋更替，世事变迁，他都无所察觉。

这幕凝固的场景持续了 15 年。终于，中年人兴奋地站起身来，推开房门，向世界大声宣布：圆周率的值应在 3.1415926 至 3.1415927 之间！他便是我国著名的科学家——祖冲之。从此，这位年轻的科学家连同他身边那一排排竹片被载入了史册。祖冲之用这些竹片算出的圆周率，在世界上独领风骚有 1000 多年！

那么，地上的小竹片是什么呢？我们很有必要把它们推到世人面前跟大家见个面，这就是在古老的中国曾普遍使用的计算工具——算筹。

算筹在古代的很长一个时期，曾是世界上最先进的计算工具，它确定了我国计算数学遥遥领先的地位。借助它，数学家们创造出了杰出的数学成果。"秦九韶程序"解高次方程增乘开方法，以及列方程组的四元术、著名的中国剩余定理、我国精密的天文历法等都是借助算筹取得的。

算筹在我国古代人民生活中的风光无限，我们已无从体味，只能在历史记载和民间传说中去领略一下它的风采。相传，秦始皇身边常年带着一个十分精致的算袋，里面装着惯常使用的算筹，那是用大鱼的骨头

磨制而成的。有一天,秦始皇坐船游历东海,忽然,一阵狂风大作,把船吹得摇摆欲坠,一不小心,秦始皇把算袋掉进了水里。那算袋一下子变成了一条怪模怪样的鱼,一支支算筹变成了长长的触角,挥舞着,让人眼花缭乱,心神不定。人们便称这种鱼为算袋鱼,也就是现在的乌贼鱼。

当然,这只是一个民间传说罢了,在我国历史上,算筹在很长一个时期的确是被当作一件十分重要的计算工具而被广泛应用着。在隋朝之前,政府专门设置有研究计算数学的机构与职称,如明算科和算学博士,直到唐朝,法律还规定文武官员必须佩戴算袋,算袋算筹已成为统治者身边必不可少的工具。当然,他们的算筹都制作精美,堪称是一件生活中的艺术品了。1971年,在陕西千阳县西汉宣帝的墓中,人们发现了30余枚骨制的算筹,装在一个丝制的算袋中。可见当时的统治者对计算工具的重视。

虽然算筹早已被现代更先进的计算工具代替,但在我们的生活中仍然可以窥到它的影子,我们生活中仍在使用的算盘即是直接脱胎于古代的算筹。随着文明的不断进步,人类的计算技术也在飞速发展,人类智慧迎来了一次又一次的解放,算筹也成为文明社会的古董。可算筹作为人类历史上最早的计算工具,它曾伴随着一个计算数学辉煌的时代!

数学二进制

夏日的夜晚,年轻的爸爸妈妈在教他们的小宝宝数夜空中的星星,1、2、3、4……天上的星亮晶晶,怎么也数不完,小宝宝开始识数了,能数到 10,数到 100 啦。渐渐地,他们明白了 0~9 这几个数字和他们的生活密不可分,它是一种数制,它的规则是逢十进一位。同学们可曾知道,我们身边还有另外一种计数方法被广泛应用着,而且与我们的生活密切相关,那便是二进制数制。二进制顾名思义便是逢二进一位,它的数字只有两个即 0 和 1。在计数时,逢二进位即为 10,此处的"10"不是十进制中的 10,而是用二进制表示的 2。下面是二进制与十进制的一个简单对比,以帮助大家认识二进制。

十进制 0 1 2　3　4　　5　　6……

二进制 0 1 10 11 100 101 110……

人们对这种古怪的计数方法会感到十分新奇,它从哪里来?它是如何应用于我们的生活中的?其实,二进制就在我们身边。我们用计算机工作时,通过键盘、鼠标等工具输入的数字、符号、画面等信息统统被计算机转化为二进制的形式进行存储、传输和处理,只不过是在计算机软件设计者的帮助下,一般的计算机用户根本不用和二进制面对面地打交道,所以对我们身边这位离不开的朋友感到神秘而陌生。

二进制的历史还是相当长的,早在计算机被发明之前,二进制就已形成了完整的理论体系。说起二进制,就必须提到被《不列颠百科全书》

称为"西方文明最伟大的人物之一"的德国数学家莱布尼茨。莱布尼茨曾经说，是中国的八卦让他产生灵感，从而发明了二进制。不相信吗？那就请看下面的一段故事。我们把目光转向17世纪的德国。美丽如画的莱茵河畔在月光中越发妩媚动人，空气中弥漫着野花的芳香。这个时候，人们都已入睡，一位英俊的年轻人却正在小屋中挑灯夜读。面对书桌，他一会儿凝神思索，一会儿脸上又浮现出会心的微笑。他正在研究一幅图画，那是一张来自遥远中国的八卦图，年轻的数学家被这中国古老的文化吸引住了。他用放大镜仔细观察八卦的每一卦相，发现它们都由阳和阴两种符号组合而成。由最简单的两种形态阴和阳组成的图像却能变化莫测，甚至可以用它来解释世间万物……凭着天才数学家的敏感，他察觉到八卦中暗含着一种新的数学理论。莱茵河畔浪漫迷人的夜景丝毫引不起他的兴致，他沉浸到八卦的世界中，饶有趣味地把8种卦相翻来覆去排列组合，脑海中突然火花一闪，他想，如果认为阳是"1"，阴是"0"，八卦恰好组成从000到111共8个基本序数，这不就是很有规律的二进制吗？这一设想令他激动不已。他立即对这种只有2位数的运算规则进行了研究探索。经过一段时间不懈的努力，莱布尼茨系统地给出了二进制算术的运算规则，同时指出二进制在某些理论研究中具有无可比拟的优点。

正是在中国人睿智的启迪下，莱布尼茨最终悟出了二进制的真谛。虽然莱布尼茨设计的计算机用的还是十进制，二进制只是作为一种数制理论还不能被普通人所理解，但是，他率先提出的二进制数的运算规则，直到今天仍然是现代电脑高速运算的基础。

快速更替的电脑

第一台计算机诞生

在飞速发展的信息社会，电子计算机已成为人们生活中不可缺少的伙伴，在计算机上查询资料、发送信息、上网看电影、漫游全世界……许许多多的事情都要借助于计算机来完成，同学们可否知道：世界上第一台真正的电子计算机是什么样子？它是由谁发明的呢？

世界上第一台真正的电子计算机(被称为"电子数字积分计算机"，简称 ENIAC)诞生在第二次世界大战的硝烟战火中。说起 ENIAC 还有一段鲜为人知的故事呢！第二次世界大战中，美国军方十分注重科学技术在战争中的应用，并为此组织了全国的专家教授为军方提供帮助。为了掌握炮弹的落地点，以有效提高炮弹对敌目标的命中率，军方要求宾夕法尼亚大学莫尔学院电工系同阿伯丁弹道研究实验室共同负责为陆军每天提供 6 张火力表。这是一项庞大的计算工程，以当时人们所掌握的最先进的计算仪器，要计算一条飞行时间为 60 秒的弹道也需要 15 分钟，这还需要是一名十分熟练的计算员，而军方所要的火力表每张都要计算几百条弹道。莫尔学院聘用了 200 多名计算员，昼夜不停地计算，仍然达不到军方迫切的要求。当时，负责阿伯丁弹道研究实验室同莫尔学院电工系小组联系的军方代表是年轻的戈尔斯坦中尉，他是个数学家。他的朋友莫克利此时正好在莫尔学院电工系任职。莫克利是一位爱钻研、善思考的科学家，1932 年获博士学位。他曾经设想将当时被认为是科学新发明的电子管用于计算仪器以提高计算的速度，他的这

种设想在一份题为《高速电子管计算装置的使用》的备忘录中表现得最完整。思维敏捷的戈尔斯坦立即意识到这一设想对解决计算火力表的困难有着巨大的价值，他马上向军械部作了详细的汇报。

事情发展极为迅速。一周以后，也就是 1943 年 4 月 9 日，美国军械部西蒙少校代表军方邀请莫尔学院和弹道研究实验室的有关代表在阿伯丁召开会议，正式研究有关电子计算机装置的可行性发展规划。会议特别邀请了美国著名数学家维伯伦博士作为军方的科学顾问，以维伯伦博士在科学界的影响，他的意见对会议的结果有举足轻重的影响。在听取了莫尔学院的报告和戈尔斯坦的简短说明后，博士不由自主地从座位上站了起来，然后支起座椅后腿沉思片刻，接着"砰"的一声放下椅子，说道："西蒙，给他们这笔经费！"然后推开椅子，径直走出了会议室……这一历史性的会议决定了世界上第一台电子计算机的产生。

然而，ENIAC 的诞生之路也并非一帆风顺。对于电子计算机的方案，为数不少的专家持有一种怀疑的态度，认定它不会有一个令人满意的结局。也难怪，方案中那庞大的预算开支和前途未卜的巨大风险，使每个人对它的将来都捏了一把汗。承担研制 ENIAC 的莫尔小组是由一批精干的科技工作者组成的朝气蓬勃的团体，他们团结一致、协同作战，每个人都充分发挥了自己的聪明才智，他们夜以继日地工作，克服了重重困难。有关部门也给予他们全力支持。在 ENIAC 的研制过程中，仅科研组同美国军械部签订的合同就修订了 12 次之多，到方案结束时，陆军军械部拨给莫尔学院的经费由预算的 15 万美元上升到了 48 万美元！

1946 年 2 月 15 日，人类第一台电子计算机正式诞生了。它是一个庞然大物，用了 18000 只电子管、70000 只电阻、10000 只电容，占地面积达 170 平方米，差不多有 10 间房子那么大。它的功率为 150 千瓦，工作

时常常因为电子管的烧坏而不得不停机检修。然而它却把当时的计算速度提高了 1000 倍,最重要的是,它是人类历史上第一台电子计算机。在人类文明的发展史上,它的产生是一座不朽的里程碑。从这里开始,人类文明踏上了电子化发展的道路。随后的几十年中,计算机的发展日新月异,给人类打开了一扇认识世界的窗口。

IBM 时代

快速更替的电脑

　　人类的历史总是会在特定的时期制造出一些千载难逢的机遇给那些应运而生的英才们，让他们创造出一个个神话般的传奇，成为人类文明的历史长卷中一个个闪耀的亮点，激励着后人奋勇向前，奋斗不息。他们的故事也历来被人们津津乐道。

　　1945 年的春天来到了美国的纽约。林立的摩天大楼间弥漫着春天所特有的催人奋发的气息。在纽约著名的计算中心的大门前，一丛丛怒放的鲜花扬起笑脸在向来来往往的人们致意，但人们的热情显然不在这些鲜花上。IBM 公司为新型计算机 IBM701 所举行的招待会的盛大场面已吸引了每位与会者的全部注意力。招待会由著名的物理学家罗伯特·奥本海默致开幕词。这位"原子弹之父"的开幕词刚刚结束，IBM 公司的新任执行总裁小沃森满面春风、意气风发地走上讲台。年轻的他风流倜傥，英气逼人，但朝气蓬勃的脸上已明显具备了成熟企业家所特有的自信与沉稳的气质。上到讲台的小沃森娓娓而谈，将公司的 IBM701 计算机满含深情地喻为他企盼已久的"梦中情人"，陈列在计算中心大厅中的 IBM701 新型计算机更像他生活中曾经那么熟悉的雄鹰战斗机，小沃森将驾驭着它，翱翔于一个更广阔的天空。

　　不错，IBM701 是属于小沃森的。当年他脱下"二战"时的军装，来到父亲的 IBM 公司的时候，IBM 已经被一种因循守旧、固步自封的气氛包围着。年轻工程师勇于创新的精神被压抑到最底层。在这种情况下，小

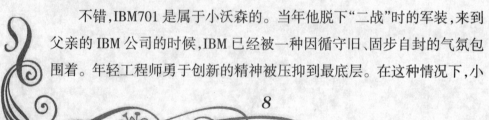

沃森决心进行彻底的改革,他在父亲老沃森面前慷慨陈词,细述计算机时代的灿烂前景,最终打动了父亲。IBM决定倾全力进军计算机产业。之后,小沃森果断进行工程师队伍的大换血,招募了近4000名计算机人才到IBM麾下。尤其重要的是,小沃森请到了计算机研制的领军人物冯·诺依曼博士做公司的技术顾问,开始研制在当时来说更快、更高、更强的新型计算机。

　　1953年春天,小沃森携IBM701出现在纽约计算中心的大厅。规模空前盛大的产品招待会和IBM701卓越不凡的品质使它一炮打响。小沃森趁热打铁,决定对IBM701进行批量生产。从1953年3月至1954年,IBM公司的生产车间彻夜轰鸣,以每月交付一台的速度一共生产了18台IBM701,并且被买主抢购一空。IBM701的巨大成功迅速奠定了小沃森和IBM公司在计算机生产领域的地位。

　　初战告捷,小沃森当然不会就此罢手。小沃森以他那似乎是与生俱来的对商业社会特有的敏感察觉到计算机应用的广阔前景,遂决定在IBM公司制造一种价格较便宜、更适于大范围推广使用的小型机。事实证明小沃森的这一决策又是十分正确的,1954年的冬天,IBM650型机问世,这种易使用、适用范围广且价格便易的小型计算机一经问世

快速更替的电脑

便十分受欢迎。大批的中小企业竞相购买，IBM650型计算机最后的销售量超过千台。这个数量对于现在可能根本不算什么，可对于计算机刚刚开始进入工业化生产的时代，这足以在全社会掀起一个不小的高潮，同时也足以造就IBM公司在计算机制造业的霸主地位。

在短短的几年间，小沃森以他非凡的能力，驾驶着IBM这一巨型战车冲入计算机制造这一崭新的天地。几次漂亮的战役下来，IBM公司的大旗已经插遍了这一行业的大半江山。有人也把IBM公司的迅速崛起戏称为其他计算机公司的大撤退时代，一大批计算机公司纷纷卷起铺盖退出这一领域，就连在20世纪50年代曾首屈一指的雷明顿·兰德公司，其市场份额亦不足IBM公司的1/10。计算机业从此迈进一个IBM时代。

快速更替的电脑

英特尔芯片

全世界数以千万计的微电脑中都运行着英特尔的芯片。这小小的芯片，往往代表着行业最高超的技术和最快的速度。这小小的芯片中凝聚着全世界一代又一代的电子技术最杰出的精英们的智慧，他们的身影随着这小小的芯片走向全世界，吸引了人们钦佩的目光。我们欣喜地发现，在这些人中，有一位黑眼睛、黄皮肤的地地道道的东方之子，他便是华裔科学家——虞有澄。

虞有澄出生在上海，在上海度过了他的儿童时代，战火给他的童年留下了难以磨灭的灰暗的色彩。由于战争的不断蔓延，虞有澄跟随父母离开家园，辗转于台北和香港。然而颠沛流离的生活丝毫没有影响到他的学业，在以优异的成绩中学毕业后，他决定赴美国留学。偏好理科的他选择了注重学生理解和思考的加州理工大学，后来又在斯坦福大学完成了他的博士论文，并以全校第二的成绩脱颖而出。

迈出斯坦福大学的校门，虞有澄理所当然地在硅谷谋求发展。当时的仙童公司由于有了诺依斯、葛洛夫等人的加盟而人才济济，要想在仙童公司出人头地那可得有些真本事，虞有澄正是看中这些才义无反顾地走进仙童公司。不久，虞有澄在金属氧化物半导体研究中崭露头角，这位来自东方古国的年轻人渐渐吸引了别人的眼光。当诺依斯离开仙童公司创立英特尔的时候，葛洛夫便执著地把虞有澄"挖"了过去，任命他为英特尔公司的质量管理总监。

1984 年,苹果公司推出了 Macintosh 电脑,可芯片却使用了摩托罗拉公司的 68000,英特尔公司眼看要失去无穷的商机了。葛洛夫于是决定充实公司微处理器事业部的力量,重新组建微处理器的研究小组。好钢要用在刀刃上,葛洛夫想到了那位黑眼睛、黄皮肤的千里马——虞有澄。临危受命,虞有澄显得信心百倍,困难对于他犹如一剂兴奋剂,这个时候的虞有澄虽年已不惑,但仍保持一颗年轻人争强好胜的心。接掌微处理器部门的大印后,他开始了大刀阔斧的改革,不拘一格启用人才。他启用了原质量管理部门 17 岁的技工基尔辛格,后者虽然只是个高中毕业的小技师,但虞有澄力排众议,直接提升基尔辛格为芯片设计组的测试工程师。在一番招兵买马之后,虞有澄带领他的小组开始了一场永无止境的技术赛跑。

1985 年 7 月,第一批 32 位的英特尔 386 芯片出炉,比同期其他公司的 32 位芯片的速度快了 2 倍。

1988 年,面对太阳公司的 RISC 技术的冲击,虞有澄领导他的小组,废掉了自己的 386 技术,重新洗脑,全面创新。他们在芯片的核心层采用 RISC 技术来加速单一指令,同时把"数字协处理器"集成进新的芯片设计中,而在外围仍保留原有的 RISC。在这个被称为 486 的芯片中,已经集成了 120 万只晶体管,功能已相当于当时的一台小型主机了。

486 芯片各项技术水平在当时的世界已经独领风骚,而虞有澄和他的小组却丝毫没有沾沾自喜,居功自傲。在随后的几个月里,研究小组乘胜追击,将 486 芯片进行一系列的改进:将时钟频率由 25MHz 提高到 50MHz,又进一步提高到 100MHz,运算速度也成倍提高,从而很快形成一个 486 芯片系列。太阳公司面对英特尔 486 的巨大成功,不得不从微电脑芯片领域悄悄撤军。英特尔公司不战而胜,从此在微处理器市场上扯起顺风帆,一路遥遥领先,不久便顺利占居全球半导体产业的首位。

什么是计算机程序

计算机程序可以说是 20 世纪人类智慧最杰出的代表作之一。自从有了程序这个无形的智力空间,它便吸引了无数天才们的心,他们把自己的智慧幻化成蝴蝶最美丽的翅膀,遨游于人类文明的时空,留下一道道绚丽的色彩。顺着这些色彩向前追溯,我们的目光停留在了 19 世纪的中叶。计算机的发展史告诉我们,计算机程序第一道五彩的曙光正是从这时诞生的。我们再次细细地搜寻,一位婀娜多姿的女子的身影出现了,她便是计算机史上第一位当之无愧的程序设计师:艾达·拜伦。

艾达于 1815 年出生在英国, 她的父亲便是英国著名的诗人拜伦。可是由于父母的离异,艾达从小便在缺乏父爱的环境中成长,然而她却完全继承了父亲的激情澎湃、母亲严谨的数学思维和坚忍不拔的毅力。孩提时代的她曾在母亲的带领下参观了拜比吉发明的差分机,这位天才的计算机先驱和他的设计思想深深打动了少女的心, 她暗暗地迷上了拜比吉和他的差分机。长大后的艾达嫁给了洛甫雷斯伯爵,成为一名雍容华贵的伯爵夫人。悠闲的贵族生活明显满足不了她那颗渴望激情的心,她一刻也没有放弃过对心中梦想的追求。艾达毅然决然地放弃了优裕的生活环境,去寻求心中的理想。

这一天,在拜比吉的办公室中,正处于艰难困苦中的科学家迎来了一位不速之客。这位美丽的少妇虽然穿着朴素,但难以掩住她端庄典雅的气质,一双妩媚的大眼睛里不断折射着心底的智慧之光。她便是伯爵

夫人——艾达。她的诚意和她对差分机精辟的见解打动了拜比吉,就这样,27岁的艾达正式成为拜比吉在科研事业上的合作伙伴,他们携手开始了在这条崎岖小路上的探索。艾达的数学天赋不久便得到了淋漓尽致的发挥,有了这个理想的伙伴,拜比吉决定制造一种通用的数学计算机——分析机,艾达则挑起了为机器设计运算程序的重任。她的工作没有任何的先例,正因为如此,她的每一步摸索与尝试在后人看来都是那样的弥足珍贵。艾达在她的程序设计中提到了一套现在叫做条件转移的指令系统,即在设计分析机的解题过程时,可以根据某个计算结果的正负号,从可能的两条路线中选择一条进行下去。这是一次极大的思想创新,这种机器不仅能代替人的具体计算,而且开始代替人的逻辑判断。现代计算机的这一设计思想可以说完全由此承袭而来。为了提高机器的运算速度,艾达为计算机预先设计了大量的函数表格,将函数表中的数据制成卡片,当机器运算到某个函数时,根据函数相应的自变量值向计算人员提示,计算人员只需要用一定的方法输入变量的值,计算机便能继续运行程序。这一人机交互的设计思想也被原封不动地搬到现代计算机的程序设计中来。

艾达用她的天才和智慧为计算机编制的程序在现代人看来简直是一个奇迹。她所编制程序中的三角函数的运算程序、级数相乘程序、伯努利数计算程序等,即使到了今天,电脑软件界的后辈们仍然不敢轻易改变其中一条指令。艾达的思想为现代程序设计奠定了基础,人们公认她为世界上第一位伟大的软件工程师。为了永久地纪念这位先驱,美国国防部将众多的软件集成为一种通用语言,并把它命名为"ADA语言",以此让这位才女的芳名永远留在电脑史话中。

虽然艾达为分析机编制了最好的程序,可分析机最终却难逃流产的厄运,原因就是当时她和拜比吉先生的思想都太超前了。社会发展的

需求和科学技术的水平无法为他们提供必要的技术支持，机器部件的精确度在当时对工厂而言真是勉为其难了，工厂无论如何也造不出符合图纸要求的零件，许多工厂老板认为拜比吉的图纸设计简直是天方夜谭，是一厢情愿的痴人说梦。艾达和拜比吉为了把分析机的图纸变成现实，耗尽了自己全部的家财，艾达忍痛两次把自己丈夫家中的祖传珍宝送进典当行，把当来的钱投入到机器的研制中去，而这些财宝又被她的母亲出资赎了回来。

执著追求、永不退缩的艾达在沉重的经济压力和精神压力下没日没夜地工作着，这严重损害了她的健康。这位伯爵夫人柔弱的身体远不像她的精神那样坚强，带着无限的遗憾，这位计算机史上第一朵傲然怒放的美丽的花朵匆匆凋谢了。1852 年，软件才女英年早逝，但却用她卓尔不群的智慧在人类文明的进程中留下了一道鲜明的色彩，ADA 语言将永远不会被人们遗忘!

比尔·盖茨的王国

快速更替的电脑

人们一提到比尔·盖茨，就自然而然地想到微软；一提到微软，比尔·盖茨也是不可回避的话题。比尔·盖茨与微软已经固化在一起，成为一个不可分割的整体。比尔·盖茨和微软创造了 20 世纪最美丽的神话，吹响了信息时代最嘹亮的号角。微软让比尔·盖茨在 31 岁时便成为有史以来最年轻的亿万富翁，微软让 39 岁时的比尔·盖茨的身价一举超越华尔街首富巴菲特，跃居世界富豪的榜首。比尔·盖茨自 1975 年同保罗白手起家，创建微软，经过 25 年的摸爬滚打，微软已由一个只有 6 人的微型公司发展成为雄踞世界、傲视全球的软件巨人，其总营业额超过世界前 50 名软件企业中其他 49 家的总和，成为世界市场价值最高的公司。

有人说，微软是上帝之手创造的神话，比尔·盖茨是幸运之神选出的电脑天才，盖茨是为电脑而生的，他用电脑为人类的智慧打开了一个美丽的新世界。

比尔·盖茨出生于美国一个律师的家庭，母亲是一名中学教师，儿童时的比尔·盖茨是一个很平常的孩子，功课不很好，但也不算太坏。他上课老是爱走神，两只眼睛盯着前边的老师，可他的心却已经陷入自己离奇的想象中。升入湖滨中学以后，比尔·盖茨便一下子迷上了学校的电脑，就像许多中国孩子迷上电子游戏机一样，比尔·盖茨对电脑也有了瘾，他开始整天地泡在计算机中心。在中学二年级，盖茨已经对电脑

的结构了解得一清二楚了。有一次,比尔·盖茨在学校的机房里搞了一个恶作剧,他输入了一段电脑程序指令,让整个电脑系统陷入瘫痪。学校感到十分惊讶,在对他进行必要的处罚后,干脆吸收他为学校计算机中心的管理人员,专门进行计算机的安全维护。比尔·盖茨从此得以免费自由地使用电脑。有时,他帮人开发一些简单的电脑程序,以此赚取零用钱。在这些时候,盖茨在湖滨中学结识了同样对电脑情有独钟的保罗·艾伦。共同的爱好让这两个孩子成为形影不离的好朋友,两个人一同逃课,然后泡在电脑房里一直玩到深夜,钻研电脑知识,编写电脑程序,玩电脑游戏。他们曾联手编出一个"井字棋"的游戏,经常在一起玩得不亦乐乎。渐渐地,他们发现书本上的知识对他们已不够用了,于是他们便混到电脑公司的办公楼里,趁着中午或晚上没有人的时候,到办公区的废纸堆里去寻宝。在那里他们可以找一些程序设计师随手废弃的设计手稿或字条,然后再一起对着这些资料研究操作系统,学习程序设计技巧。

　　电脑世界的五彩缤纷在比尔的眼中慢慢展现。电脑已成为他生活中不可缺少的伙伴,不过现在他仍没有想到要把电脑作为自己一生的事业。在湖滨中学毕业后,比尔·盖茨在父亲的直接影响下考入哈佛大学的法律专业,毕竟律师是一个相当有前途的行业。比尔·盖茨可不管那些,他经常把功课扔在一边,成为哈佛大学的电脑实验室的常客,要不就是到计算机学院的课堂去旁听。比尔的老师曾劝他干脆从法律专业退学或转到计算机专业,可这一建议遭到比尔父母的坚决反对。

　　就在比尔·盖茨升入大学二年级的时候,微电脑行业已是春潮涌动,渐露端倪。爱德华·罗伯茨的 MITS 公司已成功推出了第一款微电脑"牛郎星",个人电脑正式走上历史舞台。比尔·盖茨敏感地意识到计算机将随着科技的发展更加廉价,不同类型的计算机将充斥每个角落,而

计算机的软件将面临一个更加广阔的市场，在此基础上必将酝酿出一个完全不同的软件业。比尔·盖茨决定向 MITS 公司提供独立的 Basic 语言编辑程序，以此作为迈向软件市场的第一步。

仅用了 3 个月的时间，比尔·盖茨便将几万行的 Basic 源代码编写完毕，并在哈佛大学的大型计算机上调试成功。比尔·盖茨和 MITS 公司的合作十分愉快，"牛郎星"也因为配有 Basic 语言而销量大增。初战告捷，比尔·盖茨更加坚定了自己对未来软件业的信心，他不顾父母的劝阻，毅然从世界一流的哈佛大学退学，然后同保罗·艾伦一起创立了微软公司，专门进行微型电脑的软件开发。

创建了公司，当然不能再把编写电脑程序作为一项业余的游戏。比尔·盖茨一开始就为公司制订了十分远大的目标：要让每一个家庭的电脑上都运行着微软的程序！为了微软的不断发展壮大，比尔·盖茨所付出的心血与汗水是人们无法想象的。即使后来成为亿万富翁，比尔·盖茨还经常加班工作到深夜。尽管微软公司一向以员工习惯加班拼命工作而闻名，但那些劳累得眼冒金星的员工还是心悦诚服地说，他们之中没有谁比比尔·盖茨更辛苦。在这种创业精神的带动下，在短短的二十几年的时间里，微软创造了一个又一个电脑界的神话。微软公司已由一个 6 人组成的小作坊成长为一个拥有数万名员工的世界第一软件公司。但是有一点微软丝毫没有改变，那便是自由、进取、创造、奉献的精神，这是微软的根本，也是微软成功的关键。

智能交通系统

现代生活要求人们具有越来越高的流动性，私人汽车可以越来越多地提供这种流动性，但长期存在的交通堵塞问题，严重制约着汽车给人们带来的方便。针对这种情况，我们的城市制定了多项政策，设法调和我们对流动性永无止境的追求与减少交通阻塞、保护环境和确保行车安全等要求之间的矛盾。但是，人们显然还需要作出进一步的努力。

应用通信和信息技术的智能交通系统，能够帮助解决这个问题。不论是能提供交通状况的实时信息、为人们的旅行计划提供网上信息，还是能自动驾驶的汽车，这些都能增强行车安全，减少行车时间。

下面是对现有的各种智能交通系统的概述和对它们将来可能发挥的作用的一些建议。

交通管理系统

先进的交通管理系统能确保道路网络最大限度地发挥运输能力。这种在世界各地都常见的由计算机控制的交通管理系统能协调交通信号，把人们在路途中耽搁的时间减少到最低限度，控制车辆进入高速公路的速度，发现交通事故和抛锚的车辆。

把上述系统的功能结合起来，就能解决复杂的交通问题。主办1998年冬季奥运会的日本长野市就是这样做的。长野的交通基础设施并不

发达,每天都出现交通阻塞,随着大量游客的涌入,预计情况会进一步恶化,而且该地区很可能会出现降雪天气。

长野在交通主干道沿线安装了传感器。这些系统能收集和处理有关路面堵塞情况、出行时间和交通规则等信息。这些信息通过竖立在路边的公告牌、电话、传真和因特网等渠道传递给司机。

接送运动员和官员的车辆上都安装了红外信标,红外信标把车辆所在的位置传送给控制中心,控制中心则根据车辆的位置进行计算,并把最佳行驶路线和所需时间传给司机。此外,还编制了让这些车辆享有优先通行权的交通信号程序。这套系统成功地确保了运送运动员的车辆安全和高效运行,还为其他司机提供了准确的交通信息。

 ## 知识的力量

不清楚前面的交通状况,是司机面临的主要问题之一。

聪明的司机会利用各种信息为他们的旅行计划作出更好的选择。交通管理部门多年来一直在收集交通数据,但很少和大众分享这些信息,先进的旅行者信息系统就是为了把两者连接起来。如果旅行者能了解更多的信息,他们就能根据自己的情况调整出行时间、出行路线或出行方式,从而改善整个出行条件。

很多大都市已经安装了各种电子信号设施、电子亭和有线电视屏幕,另有几十个城市不久也将安装这些设施。欧洲即将开通一个无线电频道,以各种语言播报交通信息。而个人信息服务,如英国的"交通信息一掌通"和法国的"路况观测系统"已经能让用户避开交通阻塞地段,从而减少不必要的耽搁。

用于发现交通事故和交通堵塞、通过路旁的各种信号或车载装置

向驾驶员发出警告的自动报告系统,能大大提高行车安全。如洛杉矶的"智能走廊"工程,就用一列摄像机和其他设备监控圣莫尼卡高速公路的交通流量。一旦高速公路上发生交通事故或严重的堵塞,交通控制中心的人员可通过各种信号引导司机向其他道路分流,一切恢复正常以后,在平行的辅路上行驶的车辆在特殊的"开路"信号引导下可以回到高速公路上行驶。

 ## 高科技的背后

由于交通阻塞,凭借一张地图在一个陌生的城市寻找自己想去的道路已经越来越困难。采用由卫星组成的全球定位系统和光盘只读存储器组成的数字地图的汽车导航系统,是解决这个问题的智能答案,但这些系统没有考虑到实时交通状况。

在一些城市,特别是在日本的城市,司机可以定期把要去的目的地输入一个系统,系统将根据当时的交通状况计算出最佳行车路线。该系统会通过屏幕上的示意图或模拟音指示司机该怎么走。在某些情况下,司机也可以从电子地图上看到交通堵塞情况,然后根据情况选择行车路线。

这种先进的系统需要在道路上安装足够的交通传感器,以便能及时可靠地收集、发送交通信息。这些系统也需要更好的无线联络装置,以便迅速地进行车载计算机与该系统的中心计算机之间的数据传输。

快速更替的电脑

自动驾驶

先进的车辆控制系统能积极地帮助司机驾车。汽车制造商和经销商都看到这些产品具有巨大的潜在市场。政府也鼓励开发这些技术,因为这些技术有利于行车安全和提高道路的通行能力。

已经投入使用的技术包括防抱死制动器、牵引控制装置和制动防侧滑系统;即将投入使用的技术包括自适应常速行驶控制、司机打盹探测器、红外线夜视系统和道路障碍报警传感器等。

为了拓宽司机在恶劣天气条件下的视野,人们已经做了很多研究。现在可以通过红外线或其他成像技术向司机提供前方路况的图像,这些图像将出现在一个显示屏上,与司机通过风挡看到的正常路况叠加。

一些交通事故是由于司机在驾车时睡着了。现在有不少设备能探测出司机打瞌睡,并发出警报声唤醒司机。其他类似系统能发现即将发生的撞击事故,并启动如气囊等防止人撞伤的设备。正在积极研制的还有用于防止可能发生的碰撞事故、提醒司机或自动采取规避措施的设备。

防撞系统是实现车辆完全自动驾驶这一更加遥远目标的中期步骤。日本、美国和欧洲许多国家近几年都成功地展示了各自研制的自动驾驶汽车。

电子收费

许多道路收费站已经安装了电子收费系统,司机不必用现金,也无需在收费站停留,就在自动收费站付款。这些系统减少了耽搁的时间,防止司机弄虚作假和绕开收费站等行为。

快速更替的电脑

一些简单的系统如今在世界各地已不鲜见。例如，有一种电子牌照，车辆每次通过收费站时都能由收费站内的设备记录下来。然后隔一段时间向司机寄出一张收费单或者由收费站从司机账户预付的款项中自动扣除。

加拿大多伦多的 407 高速公路上使用了更先进的系统，这种系统在汽车高速行驶时也能收费。澳大利亚墨尔本市的环城公路上也安装了类似的系统。这两条公路上都只有电子收费设施。

 ## 共同的努力

交通方面的专家必须意识到这项新技术给人带来的便利以及要使它们发挥作用所面临的难题。世界各国政府都在推广智能交通系统，并且发现这方面的努力需要许多部门和机构的通力合作。

不同的利益共享者也加入了这个进程。交通专家需要和公共运输部门、私营信息服务部门、城市规划部门、银行、电子付费设备供应商以及普通的大众建立联盟。

智能交通系统主要的目标是节省开支、节省时间、挽救生命，对全球所有地区来说这个目标应该都是相同的。

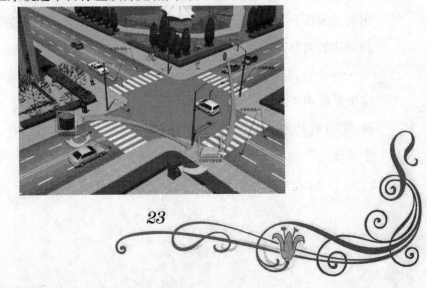

23

未来的电脑系统

有一天，也许在这个世纪头 10 年过去以前，你也许能在一张像你现在拿着的纸一样薄的因特网纸上读这篇文章。随着你的目光移到一页的最后，文章自动转到下一页。它看上去不像计算机，但又不能用其他什么来描述它。在今后几年，这种新式的计算机将进入我们的生活。它什么样?它能做什么?

为此，《新闻周刊》的记者参观了美国、日本和欧洲一些国家的高级实验室。工程技术人员展示了倾心研究的项目：你至少在 3 年内不会在零售商店看到的东西。他们要看的不是实际产品，而是工程技术人员仍在考虑的点子。

人们发现了一直与因特网联在一起的精巧新装置，也发现了另一些与人们的办公室和家庭联成一体但几乎是无形的装置，它们把数字世界与日常的生活联系在一起。有的装置根本不需要你去开关或者发出长长的指令。你走近它们时，它们会自动启动，就像一个好管家，能预料到你的需要。

一些研究人员正在努力把所有装置的主要功能并入统一的系统，这个系统由可移动的电子积木组成，积木能组成各种装置，包括摄像机、随身听和数字处理器。有的机器会发出手势，理解语言，按常理办事。这至少是工程技术人员在努力做的。

精彩的现实

戴姆勒·克莱斯勒公司的工程师雷根布雷希特正戴着一副笨重的眼镜观测一辆 S 系列奔驰车的 V-8 发动机。

这种"增强现实"(AR)眼镜通过粗大的电缆线与一台个人电脑相连，不仅使他看到真实的发动机，而且添加了动画三维数字图像。鲜亮的红色勾勒出需要替换的进气管喷头。移动的箭头用来指明方向。通常说来，进气管喷头是发动机中较为复杂的部位，而雷根布雷希特却准确无误地把新零件装了上去。

这可绝非易事。把图像填到你看见的背景中意味着计算机要"看到"自己看到的东西。一台安装在眼镜侧面的微型数字摄像机跟踪雷根布雷希特的视线。功能强大的软件使虚拟发动机与真实的发动机彼此吻合，展示出图像。不久，这种笨重的设备将简化为时髦小巧的装置，应用于从医疗到电子游戏等各种领域。

希腊在 2006 年冬奥会上推出一个以 AR 为基础的游客信息系统。游客可获得可佩戴的个人电脑和时髦的眼镜，在奥林匹亚古代遗迹的数字再现中漫游。一家日本公司正在设计一种有虚拟怪物的 AR 计算机游戏。

电脑数字墙

时装设计师们围坐在桌旁，为一场表演做准备。一位设计师用手指碰了碰桌面上的什么东西——很像普通计算机屏幕上见到的图标。突

然,桌面出现了模特们在 T 形台上表演的图像。设计师们仔细观察着这些图像,有人注意到一条裙子上的一道皱褶设计错了。她打开手提电脑,用鼠标把这条裙子的设计图案拉到桌面上,用一支特殊的笔做了修改。

这就是 Jun Rekimoto 想象的场景。他说,他的想法是把数字领域从便携电脑和个人电脑屏幕扩大到普通的墙面和桌面。这位来自索尼公司的研究者认为,计算的未来不在于为旧东西安上许多新配件,而在于创造出一个数字化的工作空间。在这个空间里,普通物体都可以变成计算机的界面。

Jun Rekimoto 把这一概念称为"媒体池塘"。在索尼公司的东京实验室,他给天花板装上了两台摄像机,不间断地对桌面进行扫描。其中一台低分辨率摄像机识别出桌上的所有计算装置,包括掌中装置、膝上电脑和移动电话。每种装置的表面都有显示其因特网网址的条形码(请记住,一切装置有一天都将与因特网相连)。低清晰度的摄像机对桌面进行扫描,寻找发生的动作,高清晰度的摄像机则弄清是什么动作。如果一支钢笔从图标移到桌面上,一台遥控服务器就把信息传送过去。如果设计师改变了服装的围度,服务器就会对图像做出解释并通过因特网把信息发送给裁缝。

 你的好帮手

忘掉键盘和屏幕吧。未来的个人电脑可能不仅会走路会说话,而且能够主动与人类接触。以日本电气公司(NEC)的最新发明 R-100 个人计算机机器人为例,这种装置是 NEC 的机器人技术工程师藤田怡彦在该公司位于川崎的孵化中心设计的。你会觉得,个人电脑与机器人结合起来就是这样。

R-100可以理解基本的口头指令。它不能把拖鞋拿给你,但却能够在得到命令后进入你的电子邮箱,并且在你外出时替你看家。藤田的专长是计算机视觉。他赋予R-100敏锐的视力以及识别各种模式的本领。R-100有一个奔腾计算机处理器做大脑,两台摄像机做眼睛,它每次最多能认出10个人。藤田还给这台机器人安装了高灵敏度的扩音器,它能够捕捉最轻微的声音。这使它成为一种便于使用的看门狗(它可以按照程序的要求向不速之客发出袭击)。它还装有传感器,在你触摸它时会发出轻微的叫声表示满意。藤田甚至为R-100编制了程序,让它走进一个房间后主动寻找人类,并且把它看到的面孔与数据库中的匹配起来。他说:"它看起来像一个机器人,但事实上是一台安装了摄像机和轮子的个人电脑。"

 ## 多用途的功能

作为一种特别的计算媒介,手持设备的风采使个人电脑丧失了优势。但是,手持设备的下一步发展方向又该如何呢?IDEO的设计也许为我们带来了正确答案:优雅时尚的PalmV,超薄的Visor Edge。如今,IDEO又有了新想法:一个状如蛤壳、与收发两用寻呼机相似的装置,但它的功能却要多得多。

这款取名为"特工"的装置,最大限度地利用了表面的每一寸空间。设计师马丁·博恩说:"表面就有指示,你无需不停地打开它。"关闭后,三块小小的液晶显示屏会显示出时间、温度和未阅读的信息等情况。在表面的指纹扫描器会确保装置的私密性和电子商务或数字钱包的安全。打开后,这种装置的一半是液晶显示屏,另一半呈触摸式屏幕,可用作输入数据的键盘或者兼作额外的显示屏,尽可能扩大屏幕的面积。博恩说:"这

快速更替的电脑

是处理这些装置(寻呼机)潜在复杂性的一种办法。"但这不仅是一个寻呼机。内置耳机还使它适合语音通信。

　　驾车行驶在高速公路上你注意到远处富士山的轮廓，壮丽的景色勾起你在大自然中散步的强烈愿望。你询问仪表盘上的计算机:到富士山还有多远?它用好听的声音回答说:20英里。好吧，你说，列出富士山上那些可以徒步旅行的小路。显示屏上出现了一张地图,还有按照难易程度排列的一条条道路。因为计算机恰好知道你喜欢看鸟,它为每条小路加了注释,说明沿途的野生动物。所有列出的道路都可坐轮椅上去,因为计算机知道你最近做过膝盖手术。20年来,东芝公司的竹林洋一始终在研制能够理解话语的计算机。也就是说,这种计算机不仅能够进行人们知道的自然语言处理,而且获得了足够的常识,你不必说出每件事就可以让它理解你的意图。这就是竹林设想的"有知觉的用户界面"。

广泛使用的计算机

　　InfoPortal 看起来非常普通,太像个人电脑了。它由一个 10.4 英寸的平板液晶显示器和当卡从底部伸出的键盘构成。不错,你可以把键盘收起来藏在屏幕后面,让这个装置像镜框一样立在茶几上。你也可以用支撑它的金属臂转动它的方向。但是，它的发明者、IBM 公司的研究员米奇·斯坦说,这些功能都设有反映 InfoPortal 的根本特点:不论我们处境如何,它都可与我们交流。他说:"普遍计算的概念就是把我们从桌面和笔记本中解放出来。"

　　InfoPortal 没有接触式屏幕。为什么?因为有时,"偶然的使用环境"会使人不方便接触计算机。InfoPortal 装有一个感应框,能够探测到其表面上方的运动。米奇·斯坦说:"当你做饼干时,你可能不想用粘满面的手碰屏幕。

不接触式指点可以让你在不接触屏幕的情况下操纵它。如果你伸出一只手指,我们就可以发现这个动作,把它视同点击鼠标。"这种装置还可以判断你与计算机的距离并相应地发送信息。如果你位置很近。它可能就会显示一封电子邮件的全文;如果你距离较远,它可能只会发出一道闪光或嘟嘟声。

快速更替的电脑

后 PC 机时代的到来

精彩的描述

快速更替的电脑

2000 年秋季,在电脑销售额急剧下降之前,高科技产业中就出现一的声音,议论的是所谓的"后个人计算机(后 PC)时代"。但这究竟是什么意思呢?我们使用"后现代"或"后冷战"等词语是在我们知道自己到过哪里,但却尚未弄清身处何地或者走向何方的时候。对于个人电脑技术的现状,鉴于个人电脑已经成为我们生活和工作环境中廉价的、不起眼的成分,这是一项不错的描述。

个人电脑的无所不在,促成了技术发展的减速和股民的不满情绪,使曾经获得巨大成功的微软、思科、戴尔和英特尔等公司全军覆没,在2001 年评比 50 佳时都名落孙山。但请不要误会,个人机已成大势。国际商用机器公司阿尔马丹研究中心主任罗伯特·莫里斯说:"这一行里几乎没有任何东西会消逝。主机和小型机也曾被认为过时了,但是这些平台现在依然存在。"莫里斯说,重要的一点是,个人机像它所替代下来的那些产品一样,将保持其重要性,但它在高科技产业中的中心角色则正在消逝。

后 PC 世界

要想弄清后个人计算机世界会成为什么样子，就让我们从不足之处说起吧。人们发现尽管个人机有种种奇妙之处，但还是有点令人失望。这就是，电脑经常被比作无线电收音机，后者已经从业余爱好者所把玩的复杂装置，变成人人都不假思索地使用的设备。但个人机在问世后30年，您若是没有经过专门训练，仍然无法使用。在一定程度上，电脑业是其自身成功的受害者，即使是在仅仅把它的现有威力的很小一部分派上用场的职工手中。个人机也是物美价廉，富于灵活性的，因而击败了所有的挑战者，包括事先被大加吹嘘的网络电脑。但是，在完成许多工商任务方面，今天的个人机的功能都绰绰有余。因此，运算速度更快的芯片和更大的存储容量没有多大意义。其功能大大超过软件需求的硬件，已经导致更新周期的大大延长。因而现在，市场几乎饱和，特别是在美国。明显的结论是，商用市场销量的增长速度将会大大放慢。

家用市场上的情况也好不了多少。家用个人电脑的功能很可能将被限制在它最擅长的那些方面，而浏览网站和播放音乐或在线录像等任务，则将留给较为简单的专门化装置。

要遵守的规则

这个行业中的公司老总如同濒危物种。鉴于后个人计算机时代的险恶情况，他们生存或许要遵守的规则是什么呢？可提供的核对清单如下：

(1)在同类产品中务必追求质量。由于网上浏览装置所需要的内部结构与个人电脑差不多，所以它们不会比后者便宜很多；它们的吸引力

必须来自质量和实用性,而不是低廉的价格。

(2)各种先进设备之间的联网至关重要。目前由于竞争的缘故,各公司所开发的系统往往相互闹别扭、不匹配。

(3)耳目。要想输入大量文字,则什么东西也比不过已有130年历史的键盘。但是,键盘的高效使用要求范围广泛的培训,它还占据桌面的很大一部分, 而且对于像中文这样的没有字母的语言, 它几乎根本不灵。

替代性的手持输入装置都不能令人满意。像 Palm 公司的"涂鸦"(Graffiti)这样的速记系统,用于书写简短信息还可以,但精确性和速度难以令人满意。其他装置就更不行了。

这理应标志着话语——最自然的人类沟通形式——领域中新的商机。但是,电脑获得一个 5 岁儿童的语言处理技能,在最好情况下也将需要 5 年。目前, 必须确保人们只说电脑能够明白的话,一般是通过限制话题和严格规定句法,只有这样话语辨别才行得通。麻省理工学院专家维克多认为, 这种情况所带来的麻烦是,"有针对性的对话意味着人们仍旧在为机器服务"。他告诫说,与人类相仿的理解力,必须能够应付人们的吞吞吐吐。

维克多认为,未来的电脑可能只有把视觉同话语相结合,才能获得这样强的理解力。虽然把一台摄像机安装在一个手持装置中在今天很容易做到, 但是, 使一台机器明白它所看到的事物则是一项艰巨的挑战。

(4)莫要使电脑变成"老大哥"式的监视工具。一台什么都看见和什么都听见的电脑是一台什么都可能说出去的电脑, 也是您可能不想在家里或者办公室里拥有的电脑。具有讽刺意思的是,要想获得比较有人情味的计算技术, 所付出的代价可能是对我们已经残缺不全的隐私权

的严重威胁。

电脑业内对此有满不在乎的态度，其典型表现就是网上很普遍的悄悄收集个人数据资料的活动，已经造成一条信誉问题上的鸿沟。国际商用机器公司的莫里斯说："困难在于如何拿出一项社会学上的证明，即我们正在保护隐私权。这终究会成为一个信任问题。如果不解决，我们将无法获得这门技术的收益。"

智能电脑

 ## 怎样工作

快速更替的电脑

如果计算机技术以目前的速度发展，那么，科幻电影《人工智能》中的机器男孩戴维将变成现实人物。

技术幻想家雷·库日韦尔说："到 2030 年，计算机运行起来就像自身有意识一样。它们将具有情感智能和个性，像人体那样复杂和精巧。它们看上去会有动机，并声称自己是有知觉的。"

德国人康拉德·楚泽研制出第一台程序化数字计算机也是 60 年前的事情。30 年前，英特尔公司引入了第一个微处理器，缩小了计算机的体积。今天，42%的美国家庭拥有个人电脑，而计算机应用无处不在。

计算机的大脑，也就是微处理器，目前是一块平的硅片。硅使微量电流通过芯片电路，这些电路的布局就像地图上的街道。这些电脉冲通过一系列"或、或非、与、非"的逻辑门激活规则，逻辑门是计算机启动前必须满足某种特定条件的开关。

不过，这种平面的芯片很快将变成类似人脑的三维结构，数百万层组织像网络一样彼此相连。莱斯大学和耶鲁大学的研究人员已经研制出功能类似开关的分子，就像传统电路中的闸门一样。

生物与电处理也正在融为一体。最终，计算机将小到可以佩戴，可以嵌入物体，或注入血液中。

 ## 实现智能化

一台简单的计算机依照指令运行。它有编好的程序，但是能以超出人类脑力的速度和耐心处理工作。但是，要达到智能化，计算机还必须能够学习，依据不完整的信息进行猜测，就像人脑一样。

计算机学习的一种方法便是通过基于解释的原则。向计算机输入定性指令，而它必须从中计算出操作的特定顺序，以实现目标。

杰拉尔德·德容是伊利诺伊大学计算机科学专业的教授和研究人工智能的专家，他在教计算机骑自行车时，便向其输入了类似"你如果向右倒，就应该将车把向右转"的指令。

根据这条指令，计算机必须算出要将车把扭转多少度才能直行，以及需要多大的力气、多快的速度蹬踏板。可以给简单的计算机输入以多快的速度和力量蹬踏板的具体指令。

计算能力的发展确实是按几何级数增长的，然而，制造像戴维那样复杂的机器人不仅需要计算能力。

如今，与戴维最相似的同类产品是麻省理工学院媒体实验室的克斯梅特。其制造者辛西娅·布拉齐尔说，克斯梅特已经能理解一些人类表情，并能以平静、生气、厌恶、害怕、高兴、伤心和感兴趣等有限的情绪作出反应。

克斯梅特的社交智能相当于1岁的儿童，但是，它的脑袋和脖子是金属制成的，身上还有明显的电线，一看就是个机器人。然而，它有丰富的面部表情，蓝色的大眼睛，闪动的眼睑，弯弯的眉毛，肉感的嘴唇和耳

朵都会随着它的表情同时活动。

能否代替人类

尽管戴维和机器人抓住了公众的想象力，但是，科学家指出，人工智能是计算机科学和电子工程学领域中一个相对较小的分支。人工智能的应用绝大部分都是用以补充人类能力的机械工具。喷气推进实验室利用人工智能搜索并跟踪类似洪水、火山爆发和沙丘形成这些由气候引发的活动。

尽管计算机如今能够在有限和特定的工作中超过人类智能，但是，它们不会在未来代替人类。不过，库日韦尔相信，终有一天，人与机器将不再有明显的区别。

快速更替的电脑

生物电脑

电脑科学家通常很少提及酶、氨基酸和基因。但是，随着电脑软硬件新一轮革命的开始，情况将发生根本性的变化。一些科学家认为，新一轮的电脑革命可能是生物革命。

这场革命旨在生产出自我管理、自我修复的电脑。电脑不断地自我发展，完善其智能中心，从而更加智能化。最终的电脑甚至有可能比设计者还聪明。

但是，为什么要模仿生物来制造更加智能化的电脑呢？人工智能专家、马萨诸塞州库日韦尔技术公司的雷·库日韦尔说，电脑科学家已开始认识到，如果要制造和人脑一样复杂的电脑，模仿生物学是他们的最佳选择。伦敦大学的电脑科学家彼得·本特利对此表示赞同："如果不依靠生物学方法，我们就好像蒙着眼睛、双手绑在背后向前走。"

因此，电脑公司和大学研究人员都忙着学习生物学速成课程。IBM公司说，它已决定加倍努力研制"自主"电脑。这是一种运用生物学驱使的自我管理程序进行昼夜无故障运行的复杂机器。但是从很大程度上来说，这其实只是一个美好的愿望。就连 IBM 公司也承认，对于电脑的"自主"运行，其目前也没有找到答案。

然而，某些研究人员确实取得了一些进展。迈克尔·伦斯和他领导的约克大学研究小组已经在"自主"电脑的研究方面迈出一小步。模仿基因和蛋白质的生物化学原理，伦斯等人研制的软件能够自我发展到

最佳状态。这一方法完全符合达尔文进化论。程序中工作最出色的部分将保存下来，无效部分则被弃用。

在生物学中，DNA链上的每一个基因产生一种不同的蛋白质。其中有一些是酶——细胞工作过程中起触媒作用的蛋白质。伦斯的想法是制造一系列的"软件酶"，每一种酶由其本身的软件基因编制密码。酶的作用如同逻辑门，就像组成所有微处理器电路的积木式组件的布尔运算"与"门和"或"门。

像生物酶一样，软件酶对系统中相互作用的其他部分非常挑剔。例如，一种酶可能作为"与"门只与其他"与"门联系，而另一种酶作为"与"门通常与一种"与"门和两种"或"门联系。

这些软件酶组合在一起成为"细胞"。每一个细胞包含数十个基因，即它的"基因组"。正如生物系统一样，其中只有一部分基因被开启，并且能制造酶。

伦斯从含有随机产生的软件基因组的细胞开始研究。有几对细胞被允许一起繁殖，而后检验由此产生的细胞进行预期运算的出色程度。最终目的在于研制出能够制造大量酶的基因组。这些酶联系在一起进行基本的计算，如两个数相乘。然后，表现出色的将相互重复繁殖，直到完美的算术乘法器出现。

伦斯还有一些其他生物模拟的例子。生物酶的形状决定了哪些基因或者酶将与之相互作用，因此，软件酶也拥有自己的"形状"以决定与其他酶的联系。

正如某些生物基因可以支配其他基因，一些软件基因也能够控制其他一些基因。这些特点使得伦斯等人研制的系统与其他一些不具备此能力的标准基因算法有所不同。

最后，伦斯希望把他研制的像细胞一样的程序联系起来，创造出更加复杂的进化程序。他预言："进化的程序将更像组织，而并非单个细胞。"

快速更替的电脑

网络侦探

大侦探福尔摩斯会在因特网上发现无穷乐趣。有史以来,极少有一个媒介让人们如此迅速和广泛地得到信息。如今的侦探正把因特网的作用发挥到极致。

在欧洲,德国信息技术安全局也认识到因特网的潜在价值,并且开始提防工业间谍们从因特网上窃取专业数据。

该局发言人米夏埃尔·迪科普夫告诫说,大企业不是侦探们的唯一客户。例如,许多较小的企业雇佣侦探盯着工人,看看他们在上班时间都干了些什么。

在全球范围内,侦探们开始依靠电子数据库来开展行动。负责调查腐败和欺诈行为的克罗尔公司的莉迪娅·耶施克说:"我们是仅次于美国政府的第二大网上数据用户。"位于华盛顿的网上侦探机构 digdirt. com 向世界各地提供服务——甚至是保密法与美国大相径庭的国家。

除了地址和电话号码之外,侦探们将判断某人是否真的破产,是否有违法行为,是否负债累累。在美国,他们甚至能够提供更多信息。重要职位的申请人是否安有人造心脏,一名离异男子是否必须向前妻支付生活费,一位有可能的合作伙伴是否曾经由于酒后驾车而被捕过。如果数据库里没有足够的信息,digdirt.com 将采取其他措施,其中包括让前中央情报局特工跟踪追查。

软件公司 Finjan 的地区经理卡尔·阿尔特曼说:"在美国开展的那

快速更替的电脑

类侦察在欧洲的一些国家是不合法的。"例如,尽管得克萨斯公共安全局的网站让人们能够进入它的犯罪数据库,而德国当局却禁止这种行为。

尽管欧洲的数据保密法较为严格,私人信息侦探们却拥有独特的优势。来自德国北部城市于特森一家侦探机构的彼得·克龙说:"一个重要的信息渠道是网上讨论组和聊天室。"进入这些论坛的人常常不假思索地透露有关他们的合作伙伴的机密情报。例如,一位妇女在一个有关收养问题的聊天室里大谈她与一位特工的交往。

快速更替的电脑

修复有术

　　2002年肆虐奥地利和东欧的洪水已经过去，但洪水破坏的影响却已显露出来。

　　洪水的明显影响不仅是倒塌的房屋和冲毁的农田，而且还有被水泡过的计算机。那里的洪水使世界各地的计算机使用者学了一个新招，那就是，即使计算机被水泡过，储存的数据也不一定全丢了。

　　德国国家安全局的信息技术专家约阿希姆·韦伯说："如果计算机遭水泡了，专业的数据恢复专家常常能防止所储存的信息全部丢失。"这是一个很复杂的过程，对私人用户来说，代价可能太高。然而，对企业来说，或者对那些重要私人数据来说，恢复这些数据可能是至关重要的。

　　慕尼黑一家数据恢复公司总经理弗伦茨·威廉·库巴施说："我们有80%的把握恢复因遭水泡而丢失的数据。"

　　为了不给数据恢复工作带来不必要的困难，库巴施警告用户不要自己动手去修复被洪水损坏的计算机。他建议："不要打开计算机，只需把它放在密封的宣传品容器里送到数据恢复专家那里。"

　　专家建议千万不要打开计算机去弄干硬盘，弄干硬盘只会进一步损坏已经遭水侵蚀的储存媒介。

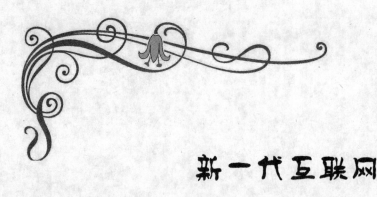

新一代互联网

曾有一天,虚拟现实的先驱雅龙·拉尼耶斜倚在办公桌上,直盯着合作伙伴鲍勃·热莱兹尼克的眼睛。

实际上,拉尼耶看到的热莱兹尼克是计算机在一个试验性的"技术室"中制作的图像,这个技术室是一个半真实、半虚拟的工作空间,它连接两个办公室,使它们看上去像一个办公室似的。

拉尼耶坐在北卡罗来纳大学的实验室中,技术室使他能与远在870公里以外的热莱兹尼克面对面坐着,后者是布朗大学研究计算机绘图的专家。

拉尼耶和热莱兹尼克除了看见对方与自己同在一个办公空间中的计算机图像外,还能看到甚至可以移动一些只存在于网络空间的虚拟办公家具。

尽管这个技术室还不成熟,但它简略地展示了未来因特网的面貌,那将是一个可以看、可以听并且可以触摸的世界。

浸没技术

研究人员已经在研制基本的建筑模块,用于创建所谓的完全浸没式因特网。他们希望10年到15年以后,因特网不再局限于台式计算机、寻呼机、无线电话或其他数字装置。相反,因特网用户将真正浸没在

全球的网络当中。

南加利福尼亚大学的集成媒体系统中心正在研制浸没环境中的三维技术,该中心负责人说:"我们将在三维环境中出生、生活,还会在其中死去。这种方式的交互将更为自然。"

拉尼耶是非营利因特网研究机构高级网络与服务组织的首席科学家,他说,你如果在浸没式因特网中遇到某人,"网络就会向你展示出你同他真正相遇时出现的所有信息。一旦实现了这一点,肢体语言和手势的整个世界就变得可以操作了,从而增加了充分交流的可能性"。

美国科学基金会已向南加利福尼亚大学的浸没式因特网研究投入了 1600 多万美元,对于该基金会来说,它自然会想到要增加网上提供的感官信息的数量。

该基金会的规划负责人米塔·德赛说:"浸没式网络为人们提供了更多的信息。现在,如果我写一封信给你,你只能看到信的内容,却听不到我的语气。如果我们在电话上交谈,你会知道我是怒是喜。如果你能看见我,你能同时看到我的表情。感官信息越多,情况就越好。"

有十多所美国大学正在研究各方面的浸没技术,其中包括南加利福尼亚大学、北卡罗来纳大学、宾夕法尼亚大学和布朗大学。研究人员正在解决计算机科学中一些最细致的问题。即便是浸没式因特网最基本的组成部分也充满了缺陷。

 ## 再现触觉

最棘手的问题就是再现触觉的工作。研究人员正在研究一项名为"触觉学"的力反馈技术,该技术专供人们感觉虚拟物体的形状和材质。

比如,触觉学的发展将使参观博物馆的人感觉希腊古瓮的形状,电

子商务网站将使顾客感觉带毛边的羊毛外套的质地。但是,研究人员即便是复制一些最基本的感觉也很费力。

拉尼耶说:"制造能够准确测量并再现触觉的仪器确实具有挑战性,而创造一个能够传送这些信息的强大因特网确实称得上是雄心勃勃。"

市场上出售的仪器可以使用户拿着一杆铁笔或戴着一副手套,对计算机屏幕上出现的物体的形状有一个基本的感觉。但是,南加利福尼亚大学研究电气工程系统的副教授若昂·海斯帕尼亚说,想要复制"柔软"或"有弹性"这类简单的质感需花费几年或几十年。

南加利福尼亚大学信号和图像处理研究所的克里斯·基里亚卡基斯副教授研制了产生虚拟环绕立体声的系统,从而使因特网上的单一声束听起来像是从一整套扬声器中传来的。

基里亚卡基斯主要采用了一套滤波器,将单一声束扩展到多个声道。每个声道都可以操作,所以听起来好像是从其他地方传来的。例如,为了设计再现音乐厅声音效果的滤波器,他便在一个真正的礼堂中安装了 24 个麦克风并录制了一次音乐演出。

然后,他使用一种名为适应性滤波的处理方法,对各个麦克风录下的声波进行对比。这种对比产生了数字滤波器,所以,将来从单个麦克风传出来的声束就被扩展到多个声道。

美国科学基金会规划负责人德赛说,如果所有这些浸没技术都实现了,一些人可能还是偏爱因特网和其他技术,比如电视会议,也就是他们今天的生活方式。她说:"虚拟世界只是对现有事物的补充。"

快速更替的电脑

卫星通信安全与防范

卫星对于军事和情报工作越来越重要,但是安全地传送声音、图像和其他通信信号仍然存在一些问题。

例如,在 2002 年 6 月,欧洲卫星电视的观众们看到了美国设在波斯尼亚的军事基地的录像,该录像是通过卫星未经加密传送过来的。

现在,英国的研究人员改进了密钥的安全传输方法。

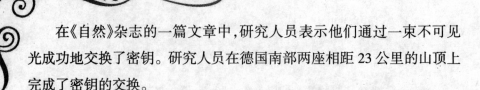

在《自然》杂志的一篇文章中,研究人员表示他们通过一束不可见光成功地交换了密钥。研究人员在德国南部两座相距23公里的山顶上完成了密钥的交换。

英国国防部研究实验室的一名科学家约翰·拉里提表示,在今后的七年内,该技术应该能够通过近地轨道卫星将密钥传送给地球上任何一个接收点。

目前的加密技术使用算术"密钥",在可信的用户之间交换。这种密钥是由随机产生的数据串组成的,能够被常规网络拦截。所以,人们往往是通过一些效率不高的方式传送密钥的。

拉里提说:"目前,对于一些十分机密的密钥,人们往往是通过骑摩托车或者装在公文包里传送的。"

拉里提和其他的研究人员认为通过物理的方式而不是数学的方式就可以更可靠地交换密钥。他们的试验方法是将密钥的数字附加到光子上,然后作为光束传送。

这种做法被认为十分安全,因为拦截并解读密钥就会明显改变光子的状态,从而提醒接收者该密钥已被破坏。

拉里提表示,他的小组和位于洛斯阿拉莫斯的美国能源部实验室的一个小组在光束的传送距离上你追我赶。他说23公里已经是最长的传送距离了。

快速更替的电脑

最薄弱的环节

有关阴险的黑客的成见是,他是一个皮肤白皙的小伙子,在一个黑暗的房间里,俯身在计算机键盘上,与电脑为伍情有独钟,而厌恶与人为伴。但是,最成功的攻击者却是讲起话来喋喋不休的一类,几乎遇到任何情况都能够左右逢源。用安全技术专家施奈尔的话说:"业余的黑客攻击对象是系统,而专业黑客所攻击的是人。"

近年来最臭名昭著的黑客米特尼克主要依靠人的弱点来闯入美国政府机构和技术公司的电脑系统。经过将近 5 年的牢狱生活之后,2000年他在美国参议院的一个政府电脑安全小组会议上作证时解释说:"当我试图进入这些系统的时候,第一道攻击战线将是我所说的'社会工程学'袭击。这实际上意味着设法通过电话哄骗某人。我在这方面十分成功,以致我很少需要发动一场技术性攻击。影响电脑安全的因素中人的方面很容易被利用,而且经常被忽略。各个公司花费数以百万计的美元购买防火墙、加密和安全准入装置,这些钱都白费了,因为这些措施都没有解决安全方面的最薄弱的环节。"

换句话说,人的弱点甚至能够破坏最巧妙的安全措施。在一项调查中,伦敦维多利亚车站的上下班的人们有三分之二欣然透露了自己的电脑密码,以换取一支圆珠笔。

另外一项调查的结果表明,英国的办公室职工有将近一半使用自己的名字、一位家庭成员的名字或者宠物的名字作为密码。其他常见的

失误包括在贴在电脑显示屏上的不干胶便笺或者附近的白色书写板上写下密码；外出吃午饭的时候仍然使电脑保持登录状态；在公共场所中,在没有安全措施情况下把存储着机密信息的笔记本电脑丢在一边。

 ## 管理很重要

根据安全咨询公司梅塔集团的调查，不速之客闯入公司系统的最常用的方法不是技术性的，而仅仅涉及搜寻到一位雇员的姓名和用户名(从一份电子邮件里面就很容易推测出来)，谎称自己是该雇员给系统求助台打电话,假装忘记了密码。

寥寥几项防范措施,在阻止病毒传播方面就能起很大作用。许多病毒隐藏在电子邮件内部传播,但用户只有双击它们,它们才会发作。好奇的用户双击后,结果似乎什么也没有发生,用户就不再多想了,但是病毒已经开始传播。教育用户不要打开可疑的电子邮件附件,这是对付病毒的一项简单但有效的措施。

如果处理得当,基于管理的、而不是单纯基于技术的安全对策,其成本效益可能会很高。"真正安全"公司的霍斯特说,危险在于"人们购买一大堆崭新的技术,擦一擦额头上的汗水,然后说:'棒极了,我已经关照了这件事。'而如果节省这笔钱,在政策和办事程序方面做一些简单的事情,其境况也许会更好。"

人员防火墙委员会大力提倡这种对策。其主席卡汉说,这个想法就是"使安全成为每个人分内的事情"。制定一项明确措施,并双管齐下,通过指导用户的行为和对防火墙、反病毒软件等进行适当的配置,其方式如同把街道内的严防、报警器和门锁结合起来使用,以便与现实世界中的溜门撬锁的盗贼作斗争。卡汉说,调查结果显示,所有办公室职工

当中的一半，从未受过任何安全培训。

传播和执行安全政策的一条途径是在安全软件里面再添加一个层次。英国的一种安全软件能够确保使用者熟悉公司的安全政策，方法是在他们登录时显示屏上跳出信息和像小测验一类的问题。根据该公司的数字，73%的公司从来都不要求雇员在开始就职以后再次阅读安全政策。

剑桥大学电脑实验室的安德森是正在把来自经济理论的思想应用到信息安全上的越来越多的电脑科学家之一。他说，不安全"往往是由于邪恶的刺激因素，而不是由于缺乏适当的技术保护机制"。例如，最有条件保护一个系统的人或公司可能没有充分的动机要这样做，因为系统失灵的代价会落在别人身上。安德森争论说，对这种问题的考察最好是利用经济学概念，比如外部性、信息不对称、逆向选择和道德风险。

这种例子充斥因特网。假如一名袭击者闯入甲公司的电脑，利用它来通过虚假的通信量使乙公司网络超载，从而使合法的用户无法使用。乙公司遭受损失部分是由于甲公司系统不安全。但是除非乙公司提出诉讼，甲公司不会受到任何激励要解决这个问题。这种事情的一些例子已经开始出现。在一个案例中，一位法官对三家公司颁布了一项限制令，这些公司的电脑被不速之客利用来攻击另外一家公司的系统。这三家公司被迫切断与因特网的联系，直到其能够证明这些袭击者所利用的弱点已经被消除。

 ## 内部攻击

虽然外部攻击得到传媒的较多注意，但是咨询公司远景研究公司最近的一份报告说："大多数与电脑安全相关的犯罪活动仍然是内部的。"该公司估计，在涉及超过10万美元损失的安全措施被挫败的案例

中,有70%是内部犯罪,常常是心怀不满的雇员所为。

家贼的偷袭所造成的损失可能远远超过外贼。调查结果显示,内部人员对一家大公司所发动的攻击造成的损失平均为270万美元,而外部攻击平均造成的损失为57000美元。

利用技术手段与家贼作斗争的难处表明,安全主要是一个人的问题。实际上,内部人员袭击的根本原因可能是管理不力。一名雇员可能会对被降职或者没有得到提升感到不满,或者感觉薪酬太少或者自我价值没有得到实现。改善管理是比技术有效得多的方法。

防范内部人员的犯罪活动的最佳途径是使其难以实施。关键的事情之一是使责任分散,以便没有任何一个人掌管一切。另外一项简单的措施是确保所有雇员都在某一时刻外出度假,以阻止他们利用作弊的系统或程序。公司系统的准入特权必须与雇员的职权范围相称,以便例如只有人事部门的人员能够进入雇员记录档案。当雇员离开公司或者其角色改变的时候,其准入特权必须立即收回或者更改。

高密度存储器

惠普公司声称，由于分子电子学取得突破，该公司的科学家研制出一种计算机存储电路，其功能将比现在的硅片增强 10 倍。

惠普公司声称，用这项新技术制造的存储器比现在的芯片速度更快，制造成本更低，并将进一步推动电子元件的微型化趋势。

惠普实验室量子科学研究负责人斯坦利·威廉斯说："我们相信分子电子将推动未来计算机技术的发展，使它远远超出硅的限制。"

威廉斯说，这种新的高密度存储器仅有 1 平方微米大小，它非常小，1000 个电路也只有人的一根头发粗细。计算机的所有信息都记录在一个有机合成分子上，即使断电也可保存信息，这使它可能取代如今数码相机和移动电话等装置使用的快闪存储卡。但威廉斯说，这项技术还处于初创阶段，至少还需 5 年时间才能投放市场。

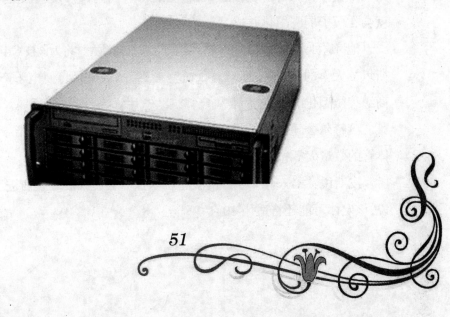

硅片压印法

快速更替的电脑

美国科学家开发出一种将微小图形快速地印制在硅片上的方法，因此计算机的微芯片将变得更小、更便宜，运算速度也会更快。

普林斯顿大学的斯蒂芬·周及其他科学家的此项发现，将使电子产品生产商把硅片上晶体管的密度提高 100 倍，同时也会提高流水线生产的速度。

这些电气工程师将 10 纳米长的图案压印在硅片上的时间为四百万分之一秒，而不是通常所需的 10 分钟到 20 分钟。

此项成果将为开发性能更强的计算机和存储器芯片铺平道路。

此前，科学家一直在寻找硅的替代品，因为他们认为提高硅片性能是不可能的，这将限制芯片体积和速度的改进。

斯蒂芬·周摒弃了蚀刻这种在硅片上印制小图形的惯常方法，而是用一个模子挤压硅片，并在二百亿分之一秒内向硅片发射激光束，硅片就会在模子周围熔化并成型。

他将这种方法称作激光辅助直接压印。普林斯顿大学将为该技术申请专利。斯坦福大学的费边·皮斯对此项研究评论说，该成果将使电子产品生产商继续微型化的脚步，使摩尔定律继续适用。

英特尔公司的创始人之一戈登·摩尔在 1965 年提出，半导体上晶体管的数量大概每 18 个月会翻一番，被定义为摩尔定律。

皮斯说："引入硅片生产的新型压印技术会使我们继续前进。"他还说，该定律可能还将适用 20 年。

分子计算机

研究人员正在开发与目前使用的电子计算机截然不同的新计算机,分子计算机就是其中之一。

电子计算机通过硅芯片上的电子来传送信息,而分子计算机以生物分子(DNA 和蛋白质等)的碱基排来传输信息,通过分子之间的化学反应来进行运算。如果在试管里加入经过适当加工的 DNA (脱氧核糖核酸),就可以随意进行碱基排列,进而得出运算结果。

分子计算机有超排列性、节能性和小型的特点,前景非常看好。值得一提的是,分子计算机在电子计算机很难解决的排列问题上可以大显身手。

分子计算机的最初设想并无多大新意,其基本设想为"计算"不是计算器和计算机独有的东西,而存在于人类所处的自然现象中。例如在往地上撒沙子时,尽管沙粒一颗颗往下落,但却可以形成一座呈放射状的沙山。可以认为,这种现象中包含形成放射状沙山的"计算"。

一般来讲,通常所说的"计算"有一些明确的目的。即使沙山中存在错综复杂的"计算",也不能帮助我们检索出最短的出差路线。问题在于,我们如何控制这种自然界存在的"计算"能力,使之有目的地运算。

南加利福尼亚大学研究人员 1994 年首次成功地进行了这一试验,即在解决排列问题上加以应用。虽然此次试验规模很小,但充分预示了未来的可能性。以这一试验为契机,世界各国的开发工作变得活跃起来。

2002 年 1 月, 由日本奥林巴斯光学工业公司和东京大学组成的天

空小级，成功地研制出用于解读基因的 DNA 计算机。这是一种由 DNA 计算部分和电子计算部分组成的混合计算机，在试管阶段的研究上迈进了一步，是世界上第一台有实用性的 DNA 计算机。今后，经过鉴定试验后，DNA 计算机可望在基因诊断方面得到应用。

现阶段，分子计算机有望在解读需要进行大量计算的基因序列，以及在人体内进行诊断的医疗计算机等方面加以应用。分子计算机的用途现在还很有限，恐怕今后也不可能完全取代电子计算机。

然而，在研制出电子计算机的初期，其主要用途是进行特殊的科学技术计算，甚至有人预测世界上只有数台的需求量。未来 10 年、20 年，也许还会出现令人耳目一新的台式计算机和掌上计算机。

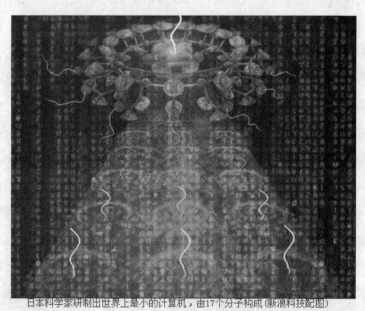

日本科学家研制出世界上最小的计算机，由17个分子构成(新浪科技配图)

超级计算机

还记得大型计算机吗？它们曾在 30 多年的时间里主宰了人类的技术生活以及整个社会的想象力。大型机，就是我们今天所称的超级计算机，象征着科学和统计学的胜利、对宇宙的征服以及对一个适用于任何问题的通用答案的探索。

后来它们一度消失了，被两名衣冠不整的年轻人(乔布斯和沃兹尼亚克，苹果计算机发明人)扼杀在硅谷的一个车库里。苹果 II 型计算机于 1977 年问世……这种个人计算机令全世界的聪明才智相形见绌。而最大的伤害出现于 1981 年，当时国际商用机器公司(IBM)宣布推出 PC 个人计算机。如今，即便是那些出类拔萃的大型计算机制造厂商也已经把各自的未来寄托在"乳臭未干"的台式机身上。

个人计算机之所以赢得技术界的垂青，还有另外一个原因，那就是它们与摩尔定律息息相关。毕竟，它们实际上差不多就是装在盒子里的微处理器。这意味着，甚至在大型机仍然是通过手工方式、利用线路连接处带有小磁环的巨大的电线蛛网组装的同时，个人计算机的"心脏"采用的就已是硅芯片了。这便使它们性能的发展处于一条前所未见的曲线上。

每隔两三年，功能更为强劲的新一代个人计算机便粉墨登场。人们不难预料，微处理技术的性能曲线将会呈现指数级增长，而且有朝一日会目睹个人计算机先是赶上、然后超越正走着下坡路的古董一般的大型机。命运女神似乎向个人计算机露出了微笑，而不再关照大型机了。

快速更替的电脑

大型计算机的丧钟已经或者看来已经在 20 世纪 80 年代中期敲响。一向被奉为计算技术之典范的 IBM 公司震惊地发觉自己已经深陷财务危机之中——大型机业务使公司不堪重负，以致沦落到需要依靠个人计算机业务作为公司的生命线。

与此同时，新一代的计算机公司——如太阳微系统公司、硅图公司以及焕发了生机的惠普公司应运而生，它们提供一类新型计算机，即一种被称作工作站的超级个人计算机。工作站是专门为了作为大型机的克星而设计的。工作站完全胜任大型机的工作。现在，既然世界已经拥有了能够高速运算并以前所未有的轻松自如来处理图形任务的小型计算机，而且全部售价不到 10 万美元，那么，又何必花几百万美元购买一个耗电量相当于一个小镇，而且需要一小支队伍管理运行的庞然大物呢？

面对这样一个优秀的对手，大型计算机只得退居大学校园、情报部门及研究中心。在那儿，人们指派大型机执行一项仍能充分发挥其性能的任务。在较长的时间间隔里处理浩如烟海的数字——对天气类型进行模拟分析、进行代码加密操作、求证费马大定理，以及把圆周率 π 计算到第 10 亿位之后等。

但是，尽管大型机正在匆忙撤出企业界，一项突如其来的创新正在改变着这项由来已久的技术。一些敢想敢干的初创企业，例如思想机器公司开始对一种采用了全新的大规模并行处理设计的新型"超级计算机"进行试验。在大规模并行处理技术中，一个问题被分解成为数十个乃至数百个子问题，这些子问题被依次分配给各个处理器并得到解决，之后再汇总到一起组成最终的解决方案。就大规模并行处理技术而言，有一点是显而易见的，那就是在目前用大型计算机解决的问题中，有相当大的一部分可以用这种技术来解决，而且其效率之高令人难以置信。

眨眼之间，那些曾经参与埋葬了大型机的企业，包括英特尔、微软、

56

惠普等公司,现在却开始建造起新一代的大型计算机了。不过这次它们并不是制造巨型的成品机器,而只是提供计算机元件以及把这些元件连接在一起的软件和网络技术。

现代的超级计算机并不是像第一台电子计算机 ENIAC 那样安装在仓库里的庞然大物,甚至也不是像克雷超级计算机那样精致优雅的现代派雕塑,而更像是房间里一排排尽心尽力的工人,这些工人坐在如洗碗机的千篇一律的箱子里,反反复复地向一个里面摆满了一台又一台磁盘驱动器的房间传送信息。

这些新型超级计算机既不赏心悦目,也无法使人产生敬畏,但是却具有强大的功能,并且或许还很有成本效益。对于那些 10 年前把大型机赶出大门的公司来说,这样的属性标准并没有消失。在其间的这些年里,各公司似乎终于怀念起大型机来,它们热切地渴望得到只有这些大型机才能提供的功能。

这些有过切肤之痛的公司目前正在小心翼翼地考察超级计算技术,它们的员工正忙着参加超级计算技术大会、租用大学超级计算机的处理时间、进行一些粗略的试验。这些公司有的已经采取了实际行动,还有不少公司也将很快效仿。

大型计算机不仅已经卷土重来,而且兴许还赢得了胜利。然而随着超级计算机重返舞台,我们曾经问过的所有本体论问题一次出现了,而且变得愈加真实和迫切。超级计算机是否正在接近于具备意识能力?如果是的话,我们究竟是在制造聪明的奴隶,还是我们自己的未来主人?曾经有一段时间,超级计算机是利用与普通计算机不同的材料制造的。最早的克雷 1 号计算机是利用安装在镀铜的液冷式电路板上的奇形怪状的芯片,通过手工方式制造的。而克雷 2 号计算机看起来更加奇怪,它在一个盛有液态碳氟化合物的浴器中翻腾着气泡,采用的是"人造血

液"冷却。

并行计算技术改变了所有这一切。现在,世界上速度最快的计算机是利用与个人计算机和工作站相同的元件制造的。只不过超级计算机采用的元件较多而已。鉴于目前的技术潮流,有一点是千真万确的,那就是超级计算机与其他计算机的差别正在开始模糊。

如果技术进步继续保持目前的速度,可以想象在一二十年之后,超级计算机将大量涌现。这听起来也许像科幻小说,但是实际上已经出现了这方面的试验。例如,硅片上长出排列特殊的神经元的"生物芯片"已经被生产了出来。

计算技术领域的进步始终是十分迅速的,并且充满了意想不到的事情。对未来的预测从来都是靠不住的,事后看来,那些断言"此事不可行"的说法,才是最愚蠢的。

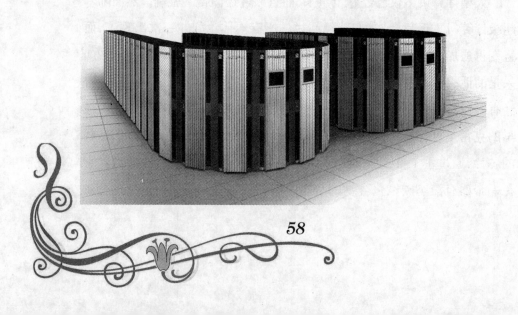

辨声色的电脑

俄罗斯萨罗夫物理研究所科研人员编制了一个新程序。它可以让人通过眼神、眼球转动或面部表情来控制电脑。

为了对面部表情作出反应，需要看到人的面部。为此，电脑需要安装一个摄像头。两个必要的其他组件是：标准数据库、将图像转为数据并监视变化的程序。

如果一个人用眼睛来控制电脑，数据库中就应当储存他的眼睛表情。接着，摄像头拍摄坐在电脑前的人，将眼睛表情传送到程序中，程序扫描这种表情，同标准表情相对比，找到与标准表情有区别的地方。在这段时间，程序进行监视，对比随后的每一个新镜头，计算变化，并采取相应的行动。如果眼睛从镜头中消失，程序在每个新镜头中重新寻找目标，并同标准表情相对比。

该程序每秒处理 25~30 个镜头，其中每个拥有近 40 万个像素。编程人员表现出聪明才智，预先将表情变成比较合适的形式，减少搜寻目标的面积，预料到目标的运行轨迹。因此，450 兆赫兹的奔腾 3 处理器的普通电脑足以完成各种计算。这样一来，不需要鼠标和键盘，就可借助眼神来操纵电脑了。

识别手势的计算机

一种能够识别手势并将其转换成屏幕显示文本的软件，可以使失聪者更容易、更自然地利用计算机同别人交流。加拿大魁北克省舍布鲁克大学的研究人员开发了一种能够识别国际手势语的系统。这种系统可以通过识别手势把相关单词的每个字母拼出来。

这种系统识别国际手势语的成功率高达 96%。由于每个人的手势略有不同，如果使用这种神经网络系统的人经过培训，可以使这种系统发挥的作用达到最佳。这种系统通过快速工作站识别一个手势需要半秒钟，研究人员尚未能使它达到最佳识别速度。研究人员相信，他们通过使这种系统具备可以检验容易出错的手势，能够进一步提高识别的准确性。

这种系统用摄像机捕捉每个手势，再由软件进行一系列处理。第一阶段是"边缘测定"，即绘制出手的轮廓。然后由系统确定手的长轴和短轴，以便确定手势的确切方向。在这个基础上程序对手指相对于手的长轴的变化和方向加以测量。得出的信息被输入神经网络程序，程序通过与现有训练数据加以比较，对最有可能表达的意思作出猜测。一旦计算机识别出手势所要表达的意思，就把相关的字母显示在屏幕上。

研究人员说，由于这个系统采用的是实时交流方式，其反应速度是相当快的。

智能电脑轮椅

将来新一代轮椅能帮助重度残疾人扩大活动范围。德国乌尔姆大学的一个研究小组研制出了由一种自动驾驶装置控制的电子车。这种轮椅能自己穿行拥挤的火车站大厅,不会与人相撞。这可能是通过一个高度发达的导航系统实现的。

这一导航系统利用它的传感器和激光扫描仪连续不断地搜寻其周围的障碍物。一个小型计算机根据数据计算出如何穿过人群的路线。"虽然我们离批量生产这种产品还有很大一段距离,但是我们知道,许多病人对这一技术寄予巨大希望。"应用知识处理研究所的项目负责人埃温·普拉斯勒说。

这种名叫 Maid 的样品轮椅能够辨别是否有行人挡路。安置在轮椅上的发音系统会请求挡路者让路。目的地可以事先设定或者通过语言指令、眨眼示意或是通过一根小吹气管来通知。车祸致残者、帕金森病患者、弱势者或多发性硬化病人可以使用这种代步工具。

虽然 Maid 首先是为病人和残疾人设计的,但是它作为聪明的运输系统也可能蕴藏着其他令人感兴趣的用途。"我们打算很快与机场建立联系。"普拉斯勒说。这种可以行驶的智能轮椅可以供参观博览会和逛公园的人使用。乌尔姆大学的研究人员说,Maid 在 3 年后可以投放市场。

梦幻电脑

电脑在进化。将来电脑的硬件和软件都将像生物那样，在改变形态的过程中进化，人们正在推进这种电脑的研究。现在的电脑只能根据人事先确定的程序工作。能够进化的电脑完全是新型电脑，它将在环境中接受突然变异和自然淘汰，配合使用电脑的人进化。如果真的能制造出这种进化型电脑，那么电脑和人将变得更加亲密无间。

 ## 软件增殖

索尼公司的娱乐型机器人"爱宝"尽管也是一种进化，但实际上它采用的是程序化选择的办法，还谈不上是进化。相比之下，进化的电脑是软件和硬件本身相互干预，由此发生灵活的变化。其结果是，将产生出有自己的判断力，有自律性，能够制造信息，有创造性的电脑。它是我们梦想中的电脑。

这种想法是京都国际电气通信基础技术研究所的人类信息科学研究机构提出的。1993 年该所设立了进化系统研究室。关于可进化电脑的原理，下原所长说："它来源于向生物体学习的控制论的理论。"20 世纪90 年代初，在复杂系统研究方面非常著名的美国圣菲研究所开始进行人工生命研究，并在这方面的研究中起到先导作用。下原所长说："如果

62

用人工的媒体合成与生命相同的现象，那就会找到生命存在的普遍原理，将有助于解开生命的秘密。"

在圣菲研究所，用西班牙语中有大地、地球这种意思的"蒂埃拉"这种特殊语言实现了软件的进化，它可以使程序本身进行改写。在程序自我增殖时，将以某种几率出现故障，发生突然变异，或者不同的程序相互干预，发生自然淘汰，即发生进化。

国际电气通信基础技术研究所在这种软件进化的基础上，又首次加进了硬件进化的概念，提出了电脑进化的概念。

他们的想法是，把程序和电子电路分别作为软件进化和硬件进化的媒体，开发新的信息处理系统。

硬件进化：在电子电路中有脑神经组织

关于软件的进化，目前正在因特网上建立试验场，使用电脑的中央处理装置(CPU)的信息处理时间和存储空间，进行两个程序间的相互干预的试验。通过这个试验，确认了软件的进化，即程序本身为自己的子孙延续而进行自我复制。但是，下原所长说："我们曾期待试验中出现大规模的程序进化，然而并没有得到令人吃惊的结果。这也许是因为，在庞大的网络空间，没有产生足够的能够相互作用的生物。"他认为原因是条件不十分具备。

关于硬件的进化，下原所长说这相当于"电子农业或品种改良"。通过接线，用现场可编程门阵列制成可重新构成的单元自动装置型人工脑试验装置，试验目的是想通过单元自动装置型人工脑试验装置，产生像脑神经细胞那样的神经元网络，并使其发育、进化。

如果说现场可编程门阵列是耕地，种子就是信息。下原所长说："向

耕地中播下各种种子，在那里培育的是改变了形态的耕地中的神经元网络，经过突然变异及自然淘汰的洗礼，下一代的神经元网络将得到培育而成长起来。"实际的生物进化需要漫长的岁月。但是如果利用硬件进化，就可以在短的时间内模拟进化过程，这是它很大的长处。单元自动装置型人工脑试验装置是一种认识脑的工具，但同时将来也要用它实现人工脑。

每个单元自动装置型人工脑试验装置有 24×24×24 的三维空间，可以产生 1000 个左右的神经元。因为这种产生神经元的过程每秒要发生 6.4 万次以上，所以每秒要运作 7450 万个神经元的神经元网络。人脑约有 140 亿个神经细胞，所以今后如果把单元自动装置型人工脑试验装置的神经细胞增加 200 倍，那就将和人脑不相上下。下原所长说："如果利用今天半导体的最尖端技术，从技术上说，用一两部单元自动装置型人工脑试验装置就可以进行 140 亿个神经细胞的模拟。"

关于这种硬件进化的前景，运用了量子论的单元自动装置当然是有前途的，此外也出现了新的想法。比如，日本电气公司未来研究所开发了一种塑料单元结构。因为塑料有它的可塑性和柔软性，从这种意义上讲，塑料单元结构可以使逻辑机能变得灵活，可以制造柔性硬件。

只要把塑料单元结构的单元密集地植入现场可编程门阵列，立刻就会成为通用的大规模集成电路。塑料单元结构的单元由负责同其他的单元组成网络的插入部分和存储器组成的可变部分构成。在可变部分，通过一览表记忆任意目标指向逻辑，只要同单元间的目标建立关系，就可以进行并行处理。

因为塑料单元结构是非同期电路，并全只在单元间配线，所以可以避免配线迟延的问题等，这样可以使大规模集成电路结构焕然一新。因为仅仅通过改写一览表的逻辑，便可以机动地重新安排硬件的电路，所以作为进化体系的硬件，它很有前途。

用途广泛

由140亿个神经细胞构成的规模庞大的脑用人工如何构筑呢？只靠人的能力最终是不可能的，于是，人类信息科学研究机构就打算以进化的办法设计人工脑。最初设计的人工脑可能只相当于鱼脑的水平，但是通过进化系统，能够使它提高到生物脑的水平。进而采用在进化过程中自我解体模式，这也是电气通信基础技术研究所的进化电脑的一个特征。意味着程序化死亡的自我解体模式在试验中也得到了理想的结果，它相当完美地顺应了环境。据说通过运用这种自我解体模式，可以防止电脑失控，可以进行接近适应自然的进化。也就是说，运用进化的手法改变硬件和软件的核心是包括死亡在内的

65

自动消除和重建系统。

如果造出这种进化电脑,它能干什么用呢?如果说现有的电脑是逻辑型的左脑型电脑,那么进化的电脑就是右脑型电脑。它可以和使用电脑的人一起发展,发送信息,所以可以建立一种新关系。人可以极其复杂地分别同自己和他人对话。如果电脑也能分辨自己和他人的关系,那么人和电脑的对话就会变得丰富多彩。

进化的电脑可以用来进行真正的基因操作模拟。遗传基因是构成蛋白质的设计图,进化电脑可以模拟蛋白质之间是如何反应和发生作用的。它可以预见几代以后的转基因食品的影响。相反,如果有分解甲烷的微生物,进化电脑可以对它进行模拟,以便知道应该如何进行遗传基因操作才能提高其分解效率。

最近许多人在研究基因阶段的发病机制。用进化电脑可以模拟老年痴呆症以及疯牛病等在基因和分子阶段的发病机制。

这样的模拟也可以应用到社会和经济现象中。运用代理模拟可以了解高中生的购物动向等。它可以把这种集团动向模拟化,了解给予这个集团何种条件,会产生什么样的结果等。总之,其用途非常广泛。

网络的"节点"

 ## 人在网中游

2020年前后,东京的上下班高峰期。你的自动驾驶汽车载着你穿过大街小巷,直奔成田机场。你可以在车上自由地工作。按动手表上的按钮,眼前浮现出一个三维图像,那是公司在印度尼西亚的采矿场。你向手表提问:目前的汇率浮动对这项采矿投资会有何影响?一个女声便朗读出分析结果。然后,你又让她为你预订一次眼科检查(你的智能眼镜最近通知医生你需要新的处方)。快到成田机场时,汽车上的系统显示航班延误的信息。不过,你还是决定赶到候机楼。行李员正在那里等待,汽车会通知他你什么时候到。

这只是你未来全新生活方式的一部分:随着因特网演变成"系统网络",这种生活就会成为现实。无线智能标签价格低廉,而且几乎可嵌入任何物体,甚至包括人。这些标签把人和机器作为一个全球网络的"节点"联系在一起。这个系统将用一个网络把所有计算机连接起来,让每台计算机都能利用其他计算机的功能,就像家家户户都从中央输电网得到电力一样。现在,一些公司内部已经具备这样的网络,即将到来的全球网络也以邪恶的面孔在好莱坞影片里屡次出现。具有讽刺意味的

是,正是这个网络使《角斗士》和《怪物史莱克》等影片中的特技效果成为可能。

深入每一个领域

　　如今,网络系统已经能够在以前互不兼容的计算机系统之间起到"万能翻译"的作用(尽管其方式有限)。网络系统也能就某个问题提供形象化的信息或提供这个问题的答案。比如,地质学家利用网络计算机模拟地震对一些城市产生的影响;生化学家利用网络计算机模拟病毒侵入人体后的情况。东京的研究人员正在街头试验一种系统:该系统用装有数字摄像机的移动电话为女性的皮肤拍照,然后马上把照片传到实验室进行分析,为受试者应该用哪类护肤品提供建议。这是《少数派报告》中那些虚拟推销员在现实生活中的再现。

　　目前,从银行到大型制药公司等商业机构都在竞相开发利用这个网络系统。多数企业服务器只有30%的时间在工作,个人电脑通常只发挥了5%的能力。像太阳、微软、IBM和惠普这样的公司都在开发网络软件,以充分挖掘计算机的潜力:比如,让洛杉矶的电脑在晚上闲置的时候替香港服务,或者把公司所有的计算机能力汇集起来实施一次性的复杂应用。戴姆勒·克莱斯勒公司正在分析一个能进行撞车模拟和交通模拟的网络程序。福特汽车公司一位女发言人说,该公司的网络应用"非常先进,而且大大增强了我们的竞争力",但她不能透露具体细节。太阳公司网络计算机部负责人沃尔夫冈·根奇说:"想想过去200年来那些大大节省时间和金钱的发明。19世纪是蒸汽机,20世纪是内燃机。我相信,21世纪将是网络引擎。"

　　当这个网络系统把公司、消费者和政府部门联系在一起时,它才真

快速更替的电脑

正开始变得有趣。许多专家认为,全球网络系统将为人们提供又一次发挥因特网潜能的机会:电视会议如此先进,远程工作已经相当普遍;网上推销效率极高,靠两条腿走路的推销员和股票经纪人全都失业。无线技术和智能芯片的结合将改变一切。生物芯片(已经获美国食品和药物管理局批准)也许能通过网络把实时的心脏读数传给心脏病专家。汽车里安装的智能芯片能让制造商跟踪你的汽车和你的驾驶习惯。你的汽车的数字替身或许就泊在网上,机械师可以观察它以防引擎出毛病;警察也可以监视你,看你有没有超速。

 ## 谁来管理世界

这一切也许听起来过于"老大哥"主义了,但情况的确如此。网络系统的黑暗面已经在乔治·奥威尔、威廉·吉布森和菲利普·迪克等作家的书中得到了深刻探讨。好莱坞影片《少数派报告》的创作灵感就来自迪克1965年创作的同名短篇小说。在这部影片中,网络系统无所不在,用各种量身定制的广告对主人公进行"轰炸",让警察在华盛顿周围的复式自动高速路上找到他的汽车。隐私权鼓吹者担心,这类对私生活的侵扰马上就要成为现实。不过,麻省理工学院自动标志中心的研究负责人桑贾伊·萨尔马会对你说:"别担心。"他所在的机构正在制造下一代智能芯片。这种芯片的特点是,消费者如果不想被人监视就可以使其失效。

一个问题是:目前还不存在能使网络系统保持安全的软件。"堡垒"安全模式(即创建防火墙来阻挡不受欢迎的使用者)在一个高度联网化的世界行不通;因为如果大家彼此不能一直保持虚拟连接,那么谁也无法受益。研制者不得不把力量集中于如何在系统内部识别用户和他们

的进入级别。像视网膜扫描这样的生物测定学手段或许能有所帮助,但是专家说,要欺骗这些系统比人们想象的容易得多(在《少数派报告》中,汤姆·克鲁斯扮演的主人公就通过接受眼球移植来骗过网络)。这一切的先决条件是:这个行业可以利用一种网络系统通用的语言。

像 IBM、惠普、微软和太阳这样的公司似乎已理解到需要建立通用的标准。

当然,语言的复杂不是网络计算的唯一障碍,还存在法律问题(如果一辆通过网络系统操纵的自动汽车发生撞车,那责任该由谁来承担),付账的问题(你怎么向某个在印度尼西亚借用你电脑的力量但眼下身在台湾的人收费)和商业问题。如果电信部门的混乱延误了大众对宽带网的使用,全球网络系统出现的时间可能远远推迟。

但是,当网络系统真正出现时,它将引领一个 IBM 网络计算部总经理汤姆·霍克所说的"后技术时代"。就像我们随手打开一盏灯而根本不会去想这背后的奥妙一样,计算能力将不知不觉地塑造我们的生活,正如电力网曾经做到的那样。但是,计算能力的复杂性将超过以往任何时候。面对无穷无尽的数据,人类工程师无能为力。因此,系统网络必须能自我管理、自我诊断、自我复原,在出现故障时通知我们并指导我们怎样修复这些故障。

能够像人一样彼此交流甚至像"特务"一样管理网络的机器,听起来或许像《黑客帝国》中描绘的未来一样恐怖。这会让我们烦恼吗?也许。但是,还有另一种可能性。我们甚至注意不到自己已经成为网络系统中的又一个节点。

十大趋势

按照美国丘比特因特网与数字媒体评估公司发布新年预测的惯例,该公司的两名分析家概括出了 2003 年信息技术领域的十大趋势。

无线网络与 WiFi 技术。无线网络与 WiFi 将是 2003 年信息技术领域的主角。如果说 2002 年中热点的数量激增,那么在 2003 年,企业无线网络的安全问题和 WiFi 对那些在 UMTS 技术上投入大量资金的运营商构成的威胁将会显现出来。

无线网络的安全性。制约无线局域网在企业中的广泛应用的主要因素就是缺乏安全性。虽然安全问题已是老生常谈,但在这方面的投入却很少。此外, 个人用户对保护无线局域网的软件也表现出很大的兴趣。

外包。在一个以预算被冻结著称的时代,IBM、EDS 等公司提供的外包方案的吸引力对企业的技术主管来说将是无法抗拒的。

网上仓储这种外包的形式将在 2003 年受到一部分人的欢迎。价格在下降,那些著名的技术公司正在帮助企业实现网上虚拟仓储。自由软件在企业间普及。在 IBM 等巨头的推动下,并且随着 Linux 的逐渐强大,自由软件在企业间的普及将会加速。

收费阅览内容。2002 年,需要交钱才能阅览的网页开始兴起。我们将在 2003 年看到初步的成果。

网络影音日记。新的视频和音频操作软件在全球范围的应用将有

助于兼具声音和影像的个人数字日记的普及。

企业短信。美国在线、MSN 和雅虎正在抢占向企业客户 RJC 提供短信服务的市场。视频和音频技术手段对这种服务起到了推波助澜的作用。

互动电视。这是每年都会提到的经典预测，但 2002 年取得的进展为双向通信的新形式提供了前提条件，特别是体育赛事的转播。

"push"技术的回归。"push"是基于无线网络和移动设备的一类技术，包括向最新型的移动电话发送信息、照片及视频文件。

快速更替的电脑

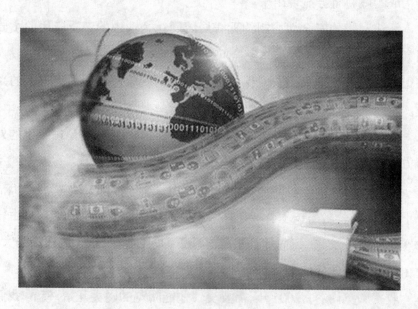

电线上网

一项曾经失败了的技术正在欧洲卷土重来，预示着能源公用事业公司将开辟新的业务领域，而消费者则能享受到更快的因特网接入服务。如果这一技术可行的话，电力公司将成为通信公司新的竞争对手。

电力公司为什么又决定重新开发这一系统呢？根据加特纳公司进行的一项调查，欧洲20多家电力公司已经在进行这项技术的试验，美国、南美、澳大利亚和亚洲也在竞相效仿。

调查报告作者约尼·福斯曼说："我们相信以前尝试中碰到的技术问题现在已经解决了。成功之门已经向各个公司打开。"

数字输电线技术自1994年开始进行商业开发，此后它的根基不断扩大。负责 Norweb 能源公司这项试验的保罗·布朗因其开拓性贡献受到了英国通信经理协会的表彰。他的系统的工作原理是这样的：电力公司可以用50~60赫兹的低频和1兆赫兹以上的高频发射信号，做到互不干扰。前者输送电力，后者输送数据。

地方变电所都配置一个小型基底电站，并且与因特网光纤或普通铜线相连。这样，所有与本地输电变压器相连的家庭都与输电线系统相连接。他们享受的数据传输速率可达到1兆比特/秒，相当于宽带系统的平均水平。现在所有的输电线系统基本上在这个水平上下浮动。

布朗教授说这一设想在20世纪末着实引起了一阵轰动："那时候，这正好切合了通信业和能源市场的自由化政策，公用事业公司在为顾

快速更替的电脑

客服务到家的过程中也彼此协调配合。"而且当时宽带网在全世界还处在初级阶段,因此几乎不存在竞争。

当年由于工程和商业两方面的原因,Norweb 公司与通信设备制造商加拿大北电网络公司的联营合作宣告失败。在管理方面,两家公司没有合作的经验,矛盾很快就显现出来。工程方面的主要问题是干扰。电波发出的电磁辐射产生的噪声淹没了数据信号。如果是长距离,原来的信号甚至全部消失了。如果供电线绝缘不好的话,数据信号就会泄露,对附近其他无线电设施造成干扰,如经过的飞机或紧急服务所使用的无线电。

由于工程水平的提高,现在的输电线系统干扰问题已被降到了最低,福斯曼说:"我们可以认为这一问题已得到了解决。"有了改进的输电线技术,电力公司相信可以达到 20 兆比特/秒的带宽,大大超过了当前宽带网用户所享用的速度。一些公司说 200 兆比特/秒的速度很快也将成为可能。

目前存在的问题是"回程运输",即数据的双向传送。建立系统将数据从基底电站传送到各家各户相对简单,但要将数据传送回来就要困难得多。鉴于这个原因,电力公司更好的做法是与通信公司达成协议,建立一套双向系统,输电线负责单向的输送,而传统电话线负责回程的传送。

E-mail 准则

哈佛商学院在电信史上第一次提出了"收发 E-mail 的十大准则"。太对了，是该为网络空间制定一些规则了。为了让你有一个全面的了解，我们来向你介绍他们制定的在编写和使用 E-mail 时的准则。

及时删除

"检查所有 E-mail 的标题，将过时的 E-mail 或是垃圾邮件及时删除。"

在信箱中堆积 E-mail 毫无意义，如果文件很大还会毫无必要地占用空间。就像清除无用的信函那样，将无用的 E-mail 也清除掉吧。

不加附件

"在企业界，许多人浪费许多精力和时间来与那些格式不兼容、毫无内容或是永远无法打开的附件作斗争。"

最好的做法就是不到万不得已不要发附件。在接收附件时也千万小心，不要打开从陌生地址发来的附件，其中可能藏有病毒。

三思而行

"不要在你疲劳、紧张或愤怒的情况下发 E-mail。在这种状态下你很容易变得暴躁、易怒和挑剔。你可能需要很多时间来消除一时造成的损失。"

要像对待信函或者电话一样对待你的 E-mail,三思而行,等你自己平静下来以后再按下发送的按键。

绝非万能

"不要用 E-mail 来代替面对面的会见,特别是在你要批评一个人、辞退一个人或是表彰一个人的时候。"

什么交流方式都比不上实实在在的面谈。记住,用 E-mail 与人沟通容易造成缺乏敬意的印象。

保留地址

"永远不要从你的通信录中删除人名或者地址,很可能你什么时候就会再需要它们。"

利用所有 E-mail 能够提供给你的资源,要学会使用所有的功能。

不加壁纸

"许多公司内部的网络禁止为 E-mail 加上华丽的壁纸，不要尝试违反这个规定。"

壁纸不仅仅是被视为垃圾，而且也会使 E-mail 变得"体积庞大"，令人讨厌，特别是那些内容空洞的 E-mail。

不传流言

"不要用 E-mail 系统来传播关于具体某人的流言蜚语。E-mail 不仅仅是易于复制消息的工具，也可以成为法庭上的证据。"

记住，使用 E-mail 很容易将这些流言传播到当事人的眼中。

郑重对待

"回复一封气愤或是侮辱性的 E-mail 是一个大错。"

不要在 E-mail 中写下见不得人的语言，不然你会被看作是一个缺乏价值不值得敬重的人。

最后手段

"当你希望召集你的同事来开会时，首先考虑的方式是电话，然后是电话留言，最后才考虑 E-mail。"

个人会面比计算机之间的电子交流更为亲切。不要通过 E-mail 邀请朋友来共进晚餐或是通知同事召开会议。

 学会谅解

"如果你希望安全完美地发送一个信息,请不要使用 E-mail,去寻找其他的手段。"

许多时候,E-mail 系统就像是"邮件的百慕大三角区",经常会莫名其妙地出现地址、打印甚至语法错误。最好的方法是在发送以前将 E-mail 打印出来仔细检查,谁都做不到十全十美。

快速更替的电脑

因特网的未来

我们都知道,目前的万维网已经失控。手中没有计算机终端就无法使用它;而一旦使用它,其他单位和人,如企业、政府、垃圾邮件制造者,就会侵犯我们的隐私、偷走我们的知识产权。

不过,这种情况不久就会得到改观。在不远的将来,各种技术的综合使用和日常用品的计算机化将创建一个尽在我们掌握之中的网络环境。

设想一下这样的情景:人们不再能够随心所欲地链接到他人的电脑、复制其中的信息;我们可以在允许复制前附加条件,在允许链接前制定规则。我们将可以让那些附加条件和规则自动生效。比如说,我们可以使用光盘和 MP3 播放器的那种反复制技术。事实上,网络上已经出现了限制进入的"屏障"。

因此,我们可以建立一种"控制网络",这是一种建立在我们日益网络化生活中的"第二因特网",使控制因特网接入成为可能。"控制网络"可以带来两大主要变化。首先,居民和用户将可以用一种改进后的手机真正地控制信息和交流;其次,"控制网络"可以在不需要警察的情况下使社会变得更安全。

"控制网络"只是一个设想,一种将在 5~10 年或更长时间里有希望变成现实的"完全自控"。它将是属于我们下一代的因特网,属于他们的安全的因特网。这个梦想能否成真并非取决于技术,而是取决于我们想要一个什么样的社会。

由于涉及控制和受控、自己和他人的安全，这个设想可分为两个部分。"控制网络"的这两个方面，可以使政府更有效率和威信、公民影响力更大、企业价值越来越高、环境越来越好。

个人控制

让我们先来看看将如何实现对我们所居住世界的个人控制，如何保护我们的个人隐私、版权和个人财产使用权。

我们将在"控制网络"中生活、工作和活动，这个网络既控制我们，又允许我们控制他人，以保护自己的实际和虚拟财产。人们只需持有一张存有个人爱好、性格和身份的"控制卡"就可以了。上面还将记录你的权利和义务，因为这与你的个人"控制环境"息息相关。"控制卡"只会对你个人的手指、声音和眼睛发出回应。如果你将卡插入手机，就可以将手机变成一个可以完成许多非常普通但又绝对必需事情的"控制手机"：你可以传呼侍者，立刻付掉自己的午饭账单；你可以找到超市里售价最便宜的肥皂；你可以认出在角落里逡巡的陌生人。

你可以用这张卡开门，进入住宅、办公室、火车站、机场、游乐场和网站。"控制卡"可以成为你的通行证，你不用再去售票窗口排队了。

你的"控制卡"可以成为一个智能控制代理。它可不断地与公司和政府部门就他人使用你的专利知识和产品的问题，如使用时间和条件进行谈判。

简而言之，"控制卡"将成为你做决定时强有力的辅助工具。"控制卡"集信用卡、带密码的银行卡、搜索引擎、防止垃圾邮件和骚扰信息的屏障、遥控器、播放控制器、数码护照、个人数据管理卡、隐私和版权保护者及测谎仪的功能于一身。"控制卡"将使你的日常生活变得更加顺畅，

快速更替的电脑

很快,你就无法离开它! 在这个过度透明的数码世界里,它是你的围墙。

受控

现在,我们来看看"控制网络"的另一方面,即在一个透明的、日益数码化的世界里被控制。这可能听起来不太让人高兴,但如果个人控制成为可能,这个方面也是必不可少的。

在大部分情况下,"控制网络"的受控部分的目的在于,使我们身处的环境更加安全,这是为了你的利益,也是为了他人的利益。家用电器、机器、建筑物、动物都被装上了芯片;一旦它们被数码化,就获得了某种"智能"。它们可以发出信号、报告情况、实行控制并做出决定;有的时候,它们甚至可以威胁你。有了"控制网络",你就可以透彻地了解你身处的环境;这种了解犹如氧气,我们可以通过手机、无数的电子报纸和内置显示器来实现这种了解。

慢慢地,各种各样的智能环境,也即"控制环境",就建立起来了。每一天,你会发现,只要你活着、工作着、在购物或玩耍,你就置身在这些"控制环境"里。你生活在自己的"控制之屋"里;你开着自己的"控制汽车"或"控制卡车"。你在"控制体育馆"里锻炼身体;你在"控制办公室"工作;你听"控制随身听"、看"控制录像"和"控制电视"。你随身携带手机,即你的"控制手机"。

"控制网络"是一个透明的世界,一个无时不受窥探的世界。我们的信息可以被人了解,也许并不一定被所有人了解,但需要了解的人都可以了解当时发生的事。"控制网络"的控制是有条件的,这非常类似于监测宇宙飞船的控制中心和追踪装满货物的卡车的调度员。

所有这些不同的控制环境,都对你的存在和权利了如指掌,并将做

出相应的反应。"控制餐馆"知道你是否已经付了午饭钱；"控制高速公路"知道在某一特定路段、某一特定时间你开车的速度是多少。其他的控制环境则清楚地知道与他人相比你的表现如何、你是否获准复制某样东西、你的公司是否拥有营业执照、你是否有权签订合同、你是否盗窃了某些东西、你是否上过某个网站、是否改动或发出过某项信息、是否已经缴税、是否尊重别人的版权和隐私。

在这些控制环境里，网络监察无处不在，他们将监督你是否有权进入一个领域、有权做正在做的事。"控制网络"的一个新功能就是，如果这些系统发现你不应做某事，你就会遭到禁止。这些"控制环境"又将构成"控制城市"、"控制企业"和"控制政府"。

犯罪分子将更难得逞。"控制网络"既是一种在隐私和安全之间寻求平衡和调和的折中办法，也是一种避免人人厌恶的"警察国家"的办法。

"控制网络"是四大趋势及其他一些新技术和组织模式共同发展的结果。这四大趋势是：

(1)智能电器将我们和身边的环境联系在一起；

(2)知识正变得像氧气一样必不可少且无处不在；

(3)人体(生物测定学)越来越成为准入的钥匙和保障安全的关键；

(4)知识成为新的金钱。

前三大变化趋势使因特网的面貌焕然一新。因特网将向移动、无线传感交流的方向发展。旧因特网仍将存在，不过这是从联系数码知识的更广义上来讲的；其实它将与我们习惯的因特网截然不同。未来的"控制网络"再不会由一台台式电脑、电缆线、CD-ROM 和网站组成；它将由手机、智能设备、无线连接以及数量巨大且无处不在的显示器组成。个人电脑只是一块体积放大的芯片而已；在"控制网络"里，那些外壳将无影无踪。

趋势之一：智能装置和机器"控制网络"将是设备的网络，与我们所说的"电脑"那些笨重的东西无关，那些东西长期以来使我们变得十分悲惨。在"控制网络"里，设备和机器不再惹人讨厌，而将带来轻松和享受。这些智能设备将带有可以传输信息和辨别环境及主人的嵌入式芯片。从某种程度上来说，它们将能够做出决定。智能设备将为你工作，为你做笨重和单调的工作。如果必需，"控制环境"将控制甚至迫使你。如果设备是智能的，它们将成为网络的一部分，也就是说，它们将受网络的控制和管理。

趋势之二：像氧气一样必需和无处不在的知识智能设备的发展，主要是物件及其所传递知识的发展(如带条形码的冰箱、带承重传感器的桥)。"知识像氧气"的趋势则主要是关于人及其获得知识和服务的渠道(比如说，根据冰箱和桥告诉你的信息购买东西和避免过桥)。说知识像氧气，就是说你可在任何时间、任何地点、从任何设备上获取知识。在这种情况下，你的手机在日常生活中比电脑还要重要。手机将可以成为实现远程付费，也可以是测谎仪。它将成为决策时不可或缺的工具，使你能够寻找、发现、检查和控制信息。

趋势之三：人体可做钥匙，我们的身体将可作为获得所有知识和服务的钥匙。只用你的手指和眼睛再加上一张生物测定智能卡，就可以在任何时间、任何地方使用设备，进入房屋和网站。

趋势之四：可作为金钱使用的知识。在传统因特网中，我们可以在不被发现和不受惩罚的情况下复制和创建链接。通常，这么做是没错的。事实上，这也是因特网赠予世界的最好礼物。

但有的时候，你想要或者需要控制自己的信息。目前，只有一些影响力较强的大型机构能做到这一点，如国家安全机构、需要保护在音乐和电影界数十亿美元投资的传媒巨头。"控制网络"中则不再有这种随

心所欲、不受控制地复制信息的现象；相反，它将控制权给了个人。

我们控制知识的能力使之具有像货币一样的功能。受控制的信息上附有使用条件和其他选项，因而不能被简单地复制。"控制网络"意味着，信息的不同拥有者不但可以在虚拟世界中有条件地复制、共享和公布信息，而且可以在现实世界中这么做。"控制网络"不仅像现在这样控制信息的初次使用，而且是对其每次使用进行控制。

最重要的一点是，公民拥有更多个人控制权，即实现"完全自控"的可能性将越来越大。"控制卡"就是实现这一可能性的工具。个人将从此拥有以前不敢想、也不可能拥有的控制和被保护度。与过去导致我们完全丧失隐私权的"老大哥"软件不同，"控制网络"使我们拥有了前所未有的隐私空间，包括现实、虚拟和数码的空间。

"老大哥"是一种单向监视，无丝毫权力的公民被无所不能的政府监视。而在"控制网络"里，政府和拥有更多权力的公民实现了双向互动。

 ## 控制恐怖主义

由于有了只为特定主人"工作"的生物测定通行证，恐怖分子和逃犯将越来越难在世界上兴风作浪。智能图像控制使人们能够辨认并列出某个时间内"需要找的人"的名单，从而使警方能够注意"恐怖分子"的行动。

"控制网络"在与恐怖主义的战争中将起到重要作用。当进攻即将开始时，我们已经可以使用手机来警示其他人。从另一方面来看，手机令人不舒服的一点在于，它会导致炸弹被引爆和阻碍空中交通。因此，如果能够建立起部分情况下使手机失灵的屏障，将会在战争中发挥很大的作用。

今后向何处去

虽然事实上你今天买的电脑明天就会过时，但是这一趋势并不是什么新鲜的事情。早在 1965 年，后来创建了英特尔公司的戈登·摩尔就预言，电路板上的晶体管的数量在 1975 年以前将每 18 个月增加一倍。这一惊人预测直到今天仍是正确的。

但像所有好事一样，这种进展也即将结束。通过将晶体管和其他元件缩小，电脑的运算速度加快，功率增大。但它们能够缩小到什么程度却是有限度的。在美国，贝尔实验室的科学家们已经研制出在只有一个分子厚的空隙之间传递电子的晶体管。

难点在于，当电脑元件只有几纳米厚时，通常的物理学定律不再适用。在这一极小范围内，携带电流的电子所遵循的是物理学的量子定律，它们能够像神怪故事中鬼魂穿过墙壁一样从电线中溜出来。许多专家认为，不久，传统的硅技术将不可能取得进一步的进展。

 ## 光学电脑

你办公桌上的电脑比几年前所拥有的那台要快几倍，这一事实几乎完全是因为电脑的微型化。电脑制造商们不断缩小在电路板上携带电子的金属导体电线的厚度。电线越薄，电路就越小、越紧密，电子运行

的距离就越短。由于电子更加迅速地到达目的地，所以电脑的运算加快。不幸的是，电线的薄细有一个限度，超过它，电子就开始泄漏。因此，研究人员正在积极寻求传输数据的替代途径。 最有希望的竞争者就是光。光在自然界中的旅行速度首屈一指，因此它对完成这项任务来说是理想的。

利用光来传递信息并非一个新的想法。光导纤维在通信设备领域中已经得到尝试和检验，它携带大量信息往来于因特网之上。问题在于，就连最细小的光导纤维，若贴到电路板上也太大，太昂贵。因此，科学家们正在寻求传输光的替代方法。

一个方法是采用所谓的光子晶体作为波导。光子晶体由相互连接的条形整齐排列构成。这些条形所起的作用如同镜子，以反射光和阻止光逃逸。在该结构中凿出一个个孔洞，以使光从晶体的一部分移动到另一部分。使光在很小空间里转弯是可能的，甚至可以使之在只有一张邮票大小的区域内转 90 度，而其在沿途的损失却不超过 5%。

当研究人员改变条形之间的距离时，他们便能够调整被困在这些空间里的光的频率。这对同时进行几项运算来说也许是有用的，办法是使不同频率的光传输不同数据。在一些研究人员提出传输光的方法的同时，另外一些人则正在研究如何产生光。萨里大学的凯文·霍姆伍德教授最近通过将原子大小的罗网置入硅中，迫使其发光。这些罗网将电子围困，迫使其发出光子。结果研制出在室温下工作的硅发光二极管(LED)。这一发现对电脑工业来说可能是重要的，因为该产业完全依赖硅。

 我们的判断

在制造运算速度更快的电脑的所有方法当中，光学的运用看来是确

定无疑的。发光的能力从前局限于特殊的半导体,但由于霍姆伍德教授已经成功地使用了硅,所以实现光学计算的最大障碍之一业已被清除。

硅构件工厂的建设耗费数以十亿计的美元,这就是为什么大电公司十分乐于继续使用硅。此外,光子晶体的问世使得继续研制与今天的电脑一样小或者更小的电脑成为可能。但光并不是唯一的竞争对手。IBM 公司正在研制碳纳米管,即卷起来的六边形碳薄片。它们只有一根头发的五万分之一那样细,能够取代电线和晶体管。然而,光学的运用可能会使电脑比以往任何时候都更加容易控制图像。一些科学家甚至推测,电脑可能最终会完全用光学零件制造,它们将控制采用全息图形成的硬盘上的数据。前途看来的确是光明的。

 专家见解

(萨里大学教授凯文·霍姆伍德)

问:您已经通过把硅变成发光二极管使硅发光。您今后的计划是什么?

答:传输数据需要某种运算速度非常快的东西,激光会比发光二极管快得多。下一步实际上是设法把我们的发光二极管变成一种半导体激光。这就是我们目前正在研究的。

问:家用电脑什么时候会用上光来传输信息?

答:我想它很快将会进入电脑,因此我们现在所谈的问题将成为热门。眼下我猜测,电脑大概将利用标准技术达到 4GHz 左右,而无法更快。如果该产业想让电脑加快到 8GHz、20GHz 甚至 40GHz,它们就不得不转而采用光。

问:为什么使用硅?

答:该产业喜欢用硅和传统技术。我们所研制的装置能够利用十分

传统的设备制造。当然,有了一项全新的技术,产业将需要拿出全新的电脑结构,但他们正在加速做到这一点,或者起码对此加以考虑。

问:我们是否有朝一日会有完全的光学电脑?

答:我并不认为人们会改变一切去采用光学。如果这样,微型芯片上会十分拥挤。光只是一条捷径,用以避开电路中的大量二进制传输,以便保持高速。这就像在一个大家都很忙的房间里站立而想与屋子另一边的某人取得联系,向其招手比从人群中挤过去要容易得多。不过,可以把微处理器的时钟改造成光学的。该时钟使一切保持同步,注意一切动向,这是我愿意改变的头几样东西之一。

采用DNA的计算

今天的电脑常常被赞誉为小型化方面的奇迹,但明天的奇观肯定会使之黯然失色。目前对未来电脑的一些研究成果听起来已经像科幻小说。能力是今天最快电脑的许多倍的电脑可能会装在很小的一滴液体之中。它们不会是用硅制成的,而是用DNA,即生命的物质本身建造的。

DNA是所有生物具有的长长的、像阶梯一样的、存储着遗传信息的分子。生物利用数据的方式类似于电脑处理信息的方式。这一相似之处是美国数学家伦纳德·阿德尔曼于1994年发现的。这种分子电脑的益处是明显的。由于10万亿缕DNA能够被石子大小的一滴液体所容纳,而且全都能够同时处理信息,所以它们可能会解决科学上的一些最棘手的问题。

推销员

阿德尔曼特别感兴趣的任务是被称为旅行推销员的问题。它涉及

一名需要到一些城市去的推销员，这些城市并不直接地彼此相连，他必须在可能的最短时间内到达。这个问题对一台传统的序列式电脑来说是棘手的，因为要让它来解决，就得煞费苦心地轮流探索每条途径。而一台DNA电脑则同时尝试每一条路径。阿德尔曼设计了一项试验，以解决旅行推销员问题。在试管中，一缕缕DNA彼此形成随机的依附关系，从而模仿推销员可能选择的路径。通过把所有与渴望找到的解决办法不对应的缕过滤出去而将其余的放大，DNA电脑提供了解决问题的所有可能的方案。

把这种问题成比例地升级到大量城市的水平，就可以获得比较实际的用途，譬如为跨越大陆的航班找到效率最高的飞行路线，或者破解特别复杂的密码。但要解决更大的问题，仍有一个根本障碍。对200个城市来说，旅行推销员问题变得十分棘手，要解决就需要重量超过地球本身的大量DNA。因此，研究人员正在转向这项技术可能派上用场的较小规模问题，譬如重新设计生物的细胞等。这些细胞并非能够解决棘手的数学问题的并行计算机，而是能够执行十分基本的指令的相当简单的电脑。

专家见解

(利物浦大学博士马丁·阿莫斯)

问：您已经设计了DNA电脑在试管里解决问题。您的最新项目是什么？

答：DNA虽然是一种生机勃勃的分子，但却并不善于接受处理。在试管之间注入大量溶液造成DNA缕的切变，因此我们决定采取新的做法。我们不是在试管里计算，而是试图重新设计来自大肠杆菌的细胞来执行计算。目前我们距离进行人类试验还有漫长的道路。

问：把细胞变成电脑为什么会有用？

答:通过重新设计具有决策能力的细菌细胞,能够使之与环境相互作用,研制一种很简单的逻辑电路。这样一来,如果一个细胞发现一处感染,它就会在一定条件下生成一种抗生素。于是就会获得一个智能药物传输系统,这与给人体注射很容易产生抵抗力的大量抗生素相比要可取得多。

问:DNA 能否有朝一日用于家用电脑?

答:DNA 电脑与硅电脑竞争的想法在一定程度上已经破灭。人们正开始认识到,增强以硅为基础的电脑而不是取代它们也许比较好。然而最近发现,能够设计细胞之间的通信。可以想象大量的简单细胞各自按照自己的一点点编码行事,因而如果你把通信搞对头,就能够获得廉价的分布式处理。

问:我们什么时候才会看到 DNA 计算的最初实际应用?

答:已经有简单的生物传感器,但一台 DNA 电脑能够被设计来使细胞在有一种特殊物质(譬如污染或放射性物质)存在的情况下发光。我认为我们将在 5 年或 10 年内看到这种应用。

 我们的判断

DNA 计算可能是所有新的计算技术当中最诱人的。这种威力是大自然本身花费了世世代代的生命来完善的。然而,在与 DNA 打交道方面遇到的巨大困难意味着,它可能永远也不会依靠自己的力量形成一种传统电脑。我们所能够祈望的也许顶多是一种协同式处理器,解决比较棘手的问题并向中央处理器汇报。即使到那时,它所执行的任务大概也会很简单。马丁·阿莫斯所提出的再设计细胞能够在有一种物质存在和没有另外一种物质存在的情况下被激活,从而带来智能化的污染监

视器或者人体中的智能化药品输送装置。然而，研制一种独立的 DNA 电脑的梦想并没有破灭。2002 年 1 月，日本的奥林巴斯公司宣布，研制出了一种能够识别与疾病有关的基因的样机。由于人类基因组计划所带来的对基因分析的不断增加的需求，所以 DNA 电脑可能会在全世界的医学实验室中找到一个温馨的家。

神经电子学

把硅片与生物的大脑组织结合在一起听起来如同通常只有在科学幻想小说里才会出现的。但如今，生活正在模仿艺术，计算技术最奇异的前沿正在实验室里被一再地向前推进。

2001 年，马克斯·普朗克生物化学研究所的彼得·弗罗姆赫兹教授成功地用一块硅片和从蜗牛大脑中摄取的神经细胞组成了一个电路。这些蜗牛细胞被用小钉固定在硅电路板上，它们生长出了彼此之间的连接，这些连接后来形成了电信号的一条路径。当细胞底部的一个晶体管造成电压的改变时，一个电脉冲就从一个神经细胞传输到另外一个。然后第二个神经细胞刺激其底部的晶体管，从而形成一个完整的电路。这项试验证明，人工设计一个不仅包含电子装置，而且还具有有机组织的电路是可能的。该科学领域已经被称为"神经电子学"。

大脑的威力

神经电子学研究仍处于襁褓之中。科学家们迄今所实现的仅仅是构筑简单的电路。当然，还没有任何人利用真正的大脑细胞和硅一起执行一项计算任务，就连像把两个数字加起来这样简单的运算也没有。但

既然神经细胞能够被以这种方式驾驭,其潜在的用途是巨大的。今天的电脑依靠蛮力来计算数学问题的答案,但无论它们看来是多么聪明,它们都缺乏真正的智能。

研制一种更好的电脑实际上并不是这项听起来很奇异的研究的主要目的。人类的大脑是一个非常复杂的器官,科学家们距离确切地了解我们如何形成记忆还相差甚远。一些研究人员正在努力通过利用传统电脑软件为大脑的活动建立模型来弄清大脑如何产生作用。但弗罗姆赫兹教授是一位相信这种做法注定要失败的专家。他说:"你就是不能模仿某种你不了解的东西,我们并不确切地知道大脑中所发生的事情。"

由鱼类控制的机器人

在研究神经细胞如何发挥作用的范围之外,神经电子学可以被用来设计由大脑直接控制的假肢。芝加哥西北大学的科学家们已经设计出一种由七鳃鳗鱼的大脑控制的机器人。当机器人的传感器察觉到光线时,它们就向鱼的神经细胞发出一个信号。神经细胞根据这一信息采取行动,指示机器人朝着光源移动。这一反应通常帮助这种鱼在海洋中沿着正确道路游进。研究人员希望有朝一日,类似的技术能够被用来设计较好的假肢。

专家见解

(普朗克生物化学研究所教授彼得·弗罗姆赫兹)

问:您2001年成功地进行了一个硅片与神经细胞之间的信号传

输。您现在正在研究什么?

答:我们正在设法产生比较复杂的神经细胞网络,在它们和芯片中的数字电子装置之间形成一个界面。这仅仅是朝着研制比较复杂的装置迈出的第一步。我们正在考察的不仅是利用两个神经细胞,而且还有3个、4个,也许甚至是10个。我们的目标还有用老鼠等哺乳动物的神经细胞来取代蜗牛的神经细胞。

问:要达到这一目的,您将必须解决哪些问题?

答:甚至控制在一个芯片上的两个神经细胞都是困难的,但如果你有更多的神经细胞,就需要真正严密地控制它们。我们最近发现,我们能够通过设计芯片上的状况来控制蜗牛神经细胞的生长。使用老鼠的神经细胞很困难,因为它们很小,与芯片之间的界面很薄弱。为了克服这一点,我们正在开始不仅利用分离的神经细胞,而且还有整片的大脑细胞。我们认为,研究大量的神经细胞实际上比较好,因为在我们的大脑中,单独的神经细胞远远不如神经细胞群体那么重要。

问:我们是否有朝一日会使用含有大脑细胞的家用电脑?

答:研制一个把真正的神经细胞与电子装置结合起来的装置是可能的,但这实际上仅仅是科幻小说的素材。它永远也不会完全地稳定,因此你仅仅可能把它用于某些特殊的用途。我们的大脑十分擅长像操纵图像这样的事情,因此这种装置也许会比数字电脑较好地完成一些事情,譬如辨别人的面孔。我认为这肯定不会在5年甚至10年里发生,在此之后人们对大脑的了解可能会足够用来使用传统电脑模拟它。

 我们的判断

在自己的办公桌上拥有一台含有活的大脑细胞的电脑,这一想法

本身就会使大多数人被打发去终生玩单人纸牌。但神经细胞电脑在不久的将来替代奔4的可能性极小。最大的问题之一是，大脑细胞要发挥适当作用，需要特殊的照顾。西北大学机器人中的七鳃鳗鱼大脑虽然可能是在一个充满氧气的海水容器中保鲜，但即使这样，它也只存活了一天。要想无限期地使大脑细胞存活，所需要的生命支持系统毫无疑问会使一台电脑的造价高昂到无人问津的程度。如果这样一台电脑能够制造，它也许能够执行比今天的电脑所能完成的复杂得多的任务，譬如在人群中认出一个面孔，以及人脑所能够轻而易举地解决的其他成像问题。这项技术完全可能对医疗上的器官植入比较有用，也许用来改善视力，或者替换在一次事故中被损坏的部分脊柱。

量子电脑

　　传统电脑看待一切都是黑白分明的。一个开关要么是开，要么是关，所带来的比特信息不是 1 就是 0，相互结合的比特被转移进出和围绕着电路板传输。

　　然而在旋转电子的奇异和极小的世界里，却不会有如此的泾渭分明。这是量子物理学的领域，其中电子的旋转行为完全不同于我们在日常生活中所见到的任何事物。如果你试图衡量其旋转，你会发现它要么排列在一个磁场中，要么在相反方向上排列。然而，当电子被分离出来看待时，却没有办法辨别它是在哪个方向上旋转，科学家们只能给出它在一个方向或另一方向上旋转的概率。从某种意义上讲，电子是同时在两个方向上旋转的。

　　如果一个电子的旋转被用作一个量子比特的信息，则一件异乎寻常的事情发生了。每一个量子比特都同时代表着一个 1 和一个 0，因此

一台两个量子比特的量子电脑就能够同时存储 4 个数字。而一台两比特的传统电脑仅仅存储一个数字。而且当你把量子比特相加时,电脑的能力急剧增加。

有了如此强大的处理能力,量子电脑所能够解决的复杂数学问题就比传统电脑的多。后者是进行完一项运算再进行另外一项。

 ## 破解密码的电脑

量子电脑对于同时查看大量数据,譬如在大型数据库中搜索,或者破解十分复杂的密码来说,可能会特别有用。例如 1994 年,美国电报电话公司实验室的彼得·萧提出了一个用来破解 RSA 公共钥匙编码方法的算法。个人和政府都使用该密钥在因特网上安全地传递信息。破译该密码所依靠的是将很大的数字分解因子的能力。而这正是量子电脑特别擅长的事情。

研制量子电脑的工作现已开始,但所采用的是原子核,而不是电子。对溶入到一种特别挑选的液体中的原子核,可以采用一种称为"核磁共振"(NMR)的技术来衡量。该技术常常用于医疗成像,以利用无线电波衡量原子的旋转。

迄今,最复杂的量子电脑包含 7 个量子比特,只能处理一位数字。据估计,需要几百个量子比特才能编制有用的程序。

 ## 专家见解

(慕尼黑科技大学教授斯蒂芬·格拉瑟)

问:您已经创造出一台含有 5 个量子比特的电脑。您现在正在研究

什么?

答:我研究的下一个目标是创造新的分子,这些分子将使我们能够研制一台包含 10 个以上量子比特的量子电脑,它将采用核磁共振技术。我还正在研究新的算法(程序),以用于量子计算技术。

问:在利用核磁共振研制较大的量子电脑方面存在问题吗?

答:曾经有一段时间,人们认为 NMR 方法有根本问题,这些问题会把量子电脑局限在仅仅几个量子比特,然而已经显示,从原理上讲,这些问题是能够克服的,也许需要采用把 NMR 的特性考虑在内的算法。

问:量子电脑适合于解决特殊问题吗?

答:一些对经典电脑来说十分棘手的问题,对包含几百个量子比特的量子电脑而言会很容易。其中许多问题与破译加密信息有关。

所有的潜在应用都是什么,目前还不得而知。实际上,寻求量子电脑解决问题的算法是当前研究的一个活跃的领域。

问:量子电脑是否有朝一日将用于家用电脑?

答:从目前已知的算法看来对于家庭和工商用途来说并不特别有用。但这可能会迅速改变。我们在今后 30 年内看到个人量子电脑看来不大可能。不过,技术上的突破难以预料,事情的发生可能会比我们今天所敢于预测的要快得多。

网络空间世界

一批网民打算进入英国的一家赌博网，但正当他们打算进入时，网络上出现了一个程序。这个程序对网民的身份进行检查，以决定是否让他们登录该网站。结果大部分人顺利登录，但对于一些来自美国、中国、意大利和其他国家的赌徒，由于这些人所在国家有关赌博的法律不是很明确，因此他们将看到一个由红色字母组成的提示："禁止进入"，并无法登录这一赌博网站。这就是一次网络版的"入境"经历。

 虚拟世界

因特网自诞生以来，在绝大部分时间里一直被视作一种巨大的民主力量，因为在这里没有人需要知道你是谁，你来自何方。但这一观点最近几个月来发生了变化，因为政府和企业正打算给以前无国界的因特网设立国界，以解决有关法律、商业和恐怖主义的问题。

芝加哥大学国际法教授杰克·戈德史密斯说："在网络上，以前人们无论在哪里，只要坐在电脑前，就可以获取世界其他地方的信息，或将信息发送到世界任何地方。但现在网络开始改变了，变得更像一个真实场所，有着真实世界的所有限制。"

这些新的网上屏障有种种形式。一种方式是对通过电脑和门户网

站上网的人进行限制，另一种方式是让所有的信息交流通过一些装置过滤，将禁止进入的内容清除出去，例如色情内容或者旨在威胁国家安全的内容。现在越来越通用的是一种使上网者所用电脑的 IP 地址(因特网协议地址)与一个地理地址相对应的软件，随着不断的更新，这种技术的准确率已经越来越高。

现在网络界所讨论的已经不再是有无能力设置这些屏障，而是应否设置这些屏障。即使在理论上支持设置屏障的人在有一个问题上意见也不一致，即这些屏障应该由谁来设置和维护？是各个国家还是网络管理者？

 ## 地点定位区分用户

由于各国在诸如赌博、商务、版权和言论等问题上因政策不同而引发冲突，新出现的网络国界为解决这类问题提供了简单易行的解决方案。

世界各国的立法和司法系统已经开始尝试在因特网上行使它们的权力。例如，我国香港政府一直在讨论是否应该通过一项法律，根据该法律，所有向香港居民提供赌博服务的外国赌博网站都是非法的。意大利热那亚一家法庭最近裁定另一个国家的网站运营商犯有诽谤罪。法国一名法官已经命令雅虎公司停止销售与纳粹有关的物品，因为当地法律禁止这种销售行为。

但是，由于没有一项对这类行为作出规定的国际条约，也没有对此进行调解的国际组织，迄今为止，这类判决对于境外机构来说难以执行。但这没有阻止一些国家制定相关法律限制网上行为的脚步。

据网络问题专家莱昂纳德·萨斯曼说，至少有 59 个国家对网上言论作出了限制。例如，新加坡已经与国际因特网接入商合作，禁止任何危害公共安全、国防、种族和宗教团结以及新加坡传统道德观点的网上言论在本国

境内出现。这些言论也包括色情言论和煽动仇恨情绪的言论。

一些分析人士说,随着"地点定位"技术的不断进步,各种网络屏障也会越来越多。"地点定位"技术是一种通过上网电脑的 IP 网址来确定用户所属地点的技术。

美国科瓦公司是这种技术的主要提供商之一。该公司声称,它辨认用户所属国的准确率达 98%,辨认用户所属城市的准确率达 85%,不过只有针对大城市才能做到这一点。由独立机构对这类程序准确率进行的研究表明,由其他一些开发这类技术的公司提供的这类程序的准确率在 70%~90%之间。

但这种程序有时也会遭到愚弄。例如,有的人可以用一些隐藏身份的特殊软件程序轻松过关。但杰克·戈德史密斯认为,这种技术并不一定要无懈可击才能发挥作用。这些屏障就像一个国家边界上的检查站。也许有人能够蒙混过关,但不是所有的人都愿意找这个麻烦。

法律难题

赌博网站是第一批采用"地点定位"技术的网站之一。当来自赌博被规定为非法的国家的网民试图登录时,赌博网站要么不给他们下注的机会,要么根本不让他们登录。

英国一家提供这种屏障技术的公司的账户管理经理说:"有不少网站根本不管什么法律禁止不禁止。它们非常高兴美国赌徒到它们的网站来赌博,尽管它们知道这种行为是非法的。"

不少赌博网站都使用这家公司的屏障技术,所以他说:"但绝大多数知名网站愿意使用这种屏障技术,他们希望自己能够对美国当局说,'我们已经采取了所有能够采取的措施,以防止我们的赌博软件在你们

国家使用。'"

在因特网上难以辨认国界,这一问题变得越来越严重,以至于在2000年悉尼奥运会时,国际奥委会基本上禁止绝大部分网站在网上转播奥运会。

而许多电视台耗巨资购买了2000年悉尼奥运会的转播权。例如,美国全国广播公司花了35亿美元才买到奥运会转播权,而该公司担心任何人都可以看的网上转播会使这一耗资巨大的转播权合同的价值大打折扣。国际奥委会和许多购买了奥运会转播权的公司认为,"地点定位"技术的准确率仍然不够高。他们还表示,盐湖城冬奥会时他们将不允许任何网站在网上转播冬奥会。

美国全国广播公司体育节目一名负责人说:"这项技术现在还不过关,它无法确保转播只限制在某一地域而不会在别的地方也进行。"

一些法律专家说,即使"地点定位"技术能够完全过关,但由于这项技术要求因特网运营商通晓世界各国适用的有关法律,所以"地点定位"技术还是不大可行。

设在华盛顿的研究机构技术和民主中心的法律专家艾伦·戴维森说:"地点定位技术纯粹是瞎扯。要让网络上的所有内容都符合全世界各个不同国家的不同法律规定,这本身就是一件不可思议的事情。"

网络之家

一家颇有名气的公司给一个现代新住房起名叫"因特网之家"。在这套住房内，人们不必从沙发起身就可以把咖啡准备好，也可以把窗帘打开。其工具就是通过因特网。不信，让我们进来看看。

这是早晨7点钟。窗帘已经缓缓打开，咖啡壶也开始烧咖啡。这一切之所以能够按部就班地发生，是因为昨天晚上在入睡之前就已经输入了"起床程序"。如果在工作的时候，在你的手机上或电脑中接收到一条短信息说在你的家里有漏水或漏煤气的情况发生，我们只要发出一道指令，供水或供气系统就会关闭。同时，在办公室里也可以接收到打到家中的电话。如果有某个人非法进入你的住房，警报装置就会发出通知。

在下午的某一时刻，系统会为我们准备好晚饭。通过因特网，把暖气降温，以节省能源。同时还可以为洗衣机编好程序。之后，我们决定在家中举行晚会。随着"晚会模式"的启动，各个房间响起了悦耳的音乐。不仅如此，在每一个房间内还可以制造出不同的音响气氛。此时电铃响了。我们在任何一个房间内都可以看到门外面的到访者是谁。

这些舒适和方便，就是我们所称的"因特网之家"中可以享受到的内容。总之，就是把新的科学技术运用到住房之中，使我们的生活更加方便一些。用户可以根据自己的日程安排、生活习惯或兴趣，调整出16种"生活程序"，例如假期生活、睡觉、起床、晚会等。因为我们不是每天都同一时间起床，也不是每天都喝咖啡。

快速更替的电脑

舒适要与使用方便联系在一起，简便到就像使用鼠标一样，不必远距离遥控。拥有一个网络房间、一部手机或一台掌上电脑，就可以控制电视摄像镜头、房间内的所有照明、窗帘、室内各种设备和空调等。这是一个十分平常的住房。这些技术性的设备不会破坏房间整体的美观。也就是说，线路系统或每个房间的控制布局不会影响室内的环境。这种住房拥有一个与当地高速因特网连接的无线网络。家中的所有电话都可以使用卡，也就是说再加一部 PC 机，它就可具有电话的所有功能。

这种成功的设置还表现在它的经济实惠上。它只需住房全部价格的 1%即可。据这套系统的发明者说，从经济实惠的角度讲，这是唯一可供选择的出路。这套设计，不会只停留在纸面上，建筑公司不久将开始建设这种带有网络系统的住宅。

网络笑脸

法尔曼是 IBM 公司的研究员，致力于研究人工智能，教电脑如何像人类一样思考。

法尔曼以在神经网络(一种模拟人脑的计算机技术)方面的工作以及协助开发通用表处理语言(用符号代替数字的计算机语言)而著称，但使这位蓄有胡须的科学家出名的最大原因也许是他在灵光一现之下，为不合文法的网络文化作了定义。

1982 年 9 月 19 日，法尔曼在一条网上留言中打下了:—)符号。从此以后，这张笑脸成为了网上交流的必需符号。无论是 12 岁的小女孩还是企业律师，都可以在留言中用这个快捷符号表示"嗨，我只是在开玩笑"。

法尔曼的首创从此引发了其他不计其数的"情绪符号"，例如;—)表示挤眼睛，:—0 表示惊讶。

　　20世纪80年代初,电脑网络很少在大学理科系和秘密政府设施以外出现。

　　但即使在当时,如果脾气不好的网络用户把玩笑话当真,原始的网络"留言板"也可能迅速变得气氛紧张。

　　在一次关于电梯内汞污染的玩笑导致严重混乱之后,卡内基梅隆大学留言板的网络用户提议用各种符号表示幽默态度,例如:&,(#)和\—/。

　　法尔曼建议用:—),并提醒说"侧过头来看"。不久,其他留言板用户也在留言中打上了这个笑脸。随着互联网用户发现这个像在眨眼微笑的符号十分有用,这种用法就普及起来。

电脑与工业

蒸汽机的发明，大大提高了生产力，给工业生产插上了腾飞的翅膀，因此被称为人类史上的第一次技术革命。

以电力技术为标志的技术革命，称为第二次技术革命。工业的电气化，解放了劳动力，使工业生产突飞猛进地增长。

正是电力技术的革命和发展，孕育了第三次技术革命。

20世纪中期，出现了第三次技术革命，就是计算机的发明和应用。它实现了工业生产自动化，使社会进入信息化。

现在，计算机广泛应用在科研、生产、办公和日常生活等领域，特别是在工业生产上所发挥的作用，远远超过了前两次技术革命，而且工业产品与人们的生活进步更为直接。相信以后计算机在工业上的应用更为广泛。

现在，我们一起去看看计算机是如何撞开了工业生产之门的。

 ## 无人的工厂

工人为工厂工作，工厂的部分价值要维持工人的生活，剩余价值扩大再生产，并上缴利税，这便是工厂利润的一般分配方法。

现在，有些工人失业，一部分是因为企业在竞争中不景气，利润维持不了开销，工人才不得不失业。

你可知道,还有的工厂,经过改进,全部自动化,过去要几千人,现在只要几十人,甚至几个人。那么余下的人就只好自谋出路了。

日本富士通法纳克公司,坐落在富士山脚下,工厂生产很红火,但是没有噪声。这座机械厂生产数控机床、电火花切割机床和机械手。走进工厂人们看到的是,机械手在进行装配,自动搬运车按照各自的路线往返穿梭地搬运原料和零件,运行有头有序,互不干扰。在生产线上,许多计算机控制的机器人,能快速而准确地完成各种各样操作,而且不知疲劳,也不会大意和马虎。

那么,这样的工厂怎样进行自动化生产呢?

在计算机的应用中,有一个领域叫作计算机控制,它主要研究工业生产怎样应用计算机来控制各种生产设备,使自动化程度提高,能够全面自动化生产。

计算机自动化控制系统,一般分为三个部分。

一部分是自动检测,或者叫作数据传感。例如,计算机要控制机床,在机床加工零件时,它不断检查需要的零件形状、尺寸,看看是否达到标准要求。

第二部分是数据处理。计算机对检测的数据进行分析,通过这些数据,来了解零件处于什么状态,然后决定怎样操作。

第三部分是控制操作,就是计算机的控制线。它和机器上的各种开关相连,使计算机能根据不同情况,对机器的操作进行控制。

富士通法纳克公司的这座自动化工厂,每月生产数控机床 100 台,电火花机床 100 台,各种机械手 50 台,年产值达到 180 亿日元。

这座工厂除了 1000 多名设计、营销和负责技术监督与设备维修的技术人员外没有别的工人,然而完成的任务却比其他工厂还好。

你瞧,如果工人没有高的素质,根本操作不了,而且将来的工厂用

快速更替的电脑

人会越来越少，多余的工人怎么办？

出版系统

蔡伦发明了造纸术，毕昇发明了活字印刷。纸的发明，送走了竹简和丝帛记事的时代；活字印刷，改变了雕版印刷的落后局面。这是中国古代对世界的重大贡献。

胶泥活字以后出现了铅字，使出版业大大进步；机器印刷出现了，使出版业迅速发展。

小平板机、轮转机以及现有用的胶印机等，加速了出版业的发展。

现代出版工作包括出版、印刷、发行三个部分，每个部分也都运用了计算机，就是发行，不是也可以用互联网吗？

今天我们说的出版系统，是指报刊图书编辑部门的工作，主要包括组稿、审稿、编辑加工、出版设计和校对等各项工作。

那么电子出版系统是怎样工作呢？

电子出版系统由电子计算机、图像扫描仪和激光打印机（或精密照排机）等组成。

电子出版系统能够完成从文稿录入、编辑排版，直到在纸张或底片上输出符合编辑意图和出版计划要求的版面。

那么，电子出版系统有什么优点呢？

电子出版系统能输出质量高，花边齐全，字体、字号能满足各种要求的版面。

现在，用电子计算机处理版面，还可以直接印刷，实际上就是一种复印过程。

数字式印刷系统大大加快了印刷速度，有的印刷速度在1小时2000

张以上,有的高达 1 小时 8000 张,能直接制版和打样。

你看,现代出版系统多么高级。

电脑织机

过去,我们穿的毛衫要用手工去织。一个熟练的织工织一件毛衫要三五天的时间。

出现了手工织机以后,编织毛衫的速度快多了。但是,仍旧需要人工拖拉,不但笨重,而且编的花样也比较单调,同时浪费了劳动力。

电子计算机的出现,在织机上发挥了应有的作用。

电脑控制的织机,速度很快,几十分钟甚至十几分钟就可以织出一件毛衫,而且可以编任意的图形,并能放大或缩小。这种织机一旦要变换产品花样,只要改变存储信息,立即就可以完成。

不仅如此,电脑织机还可以对生产情况进一步监督,如果发现断线或者不合格品,会立即提出修正。这种织机已广泛用于人造毛皮及毛衫等织物。

一些制衣厂采用电脑织机,不仅节约了劳动力,而且使织物更加合乎理想,使生产成本降低,提高了市场的竞争力。

令人眼花缭乱的是,一台计算机可以控制一群 (几台到几十台)织机。每台织机可以编织出不同的织物。例如,有的可以编织袜子,有的可以编织帽子,还有的可以编织内衣等。

缝纫机曾经是制衣厂的主要机器,也是家庭妇女的理想帮手。但是,过去要人工用脚去蹬使其转动。使用机器以后,可以少消耗体力,转速均匀,大大提高了效率。但是,花样品种仍旧需要人控制。

电脑缝纫机问世以后,储存着多种图案和花样,只要触按你所需要

的花样键盘,缝纫机就会按要求自动缝制让你满意的衣服式样,而且图案可以放大或缩小,还可以相互组合。使用时,只要根据需要,输入缝制方式或花样序号,便可以按人的意愿出成品。

电脑织机不仅在工厂广泛使用,也可以在家庭使用。如果你拥有一台电脑织机,不仅可随时为自己缝织一件合体的衣服,而且还可以对外加工,赚得惠利。

电脑的确为人们开辟了生财之道。

飞机制造

如果说工厂完全采用计算机和机器人操作,而不用人工,恐怕在短时间内还很难完成,只是说使用人工少而已。

工业发达的国家,运用电脑使制造自动化程度大大提高,可以节省劳动力,减少废品,提高质量,降低成本,在市场竞争中占有很大的优势。

现在,从飞机制造自动化以及其他一些自动化工厂看,其路线基本是:数控机床—自动装置—计算机辅助设计—计算机辅助制造—计算机辅助管理—计算机集成制造系统。也就是说,计算机在飞机制造过程中,也是一种辅助措施。

其中,计算机辅助设计(简称 CAD)就是用计算机帮助设计人员进行产品和工程项目的设计工作。

第一代 CAD 主要是计算机辅助制图。

第二代 CAD 主要是辅助绘制二维图形和三维图形。这就需要建立多个工程数据库来存储线框、曲面、实体建模、分析模型和数控编程软件。工程师可以利用数控编程软件,把高精度的复杂零件在数控机床上加工出来。

　　美国的飞机制造业很早就采用 CAD 系统。因为有数据和绘图软件的辅助,设计师几笔就可以把飞机图形展现出来。

　　如果发现有什么地方不妥,例如飞机起落架与机身之间连接不很吻合,便可以再按几个键,在屏幕上移动光笔,做一下修改,如果合适了,便存储起来。

　　计算机辅助制造(简称 CAM)是把 CAD 系统的成果转换成加工机械可以接收的控制指令和数据,把产品制造出来。

　　CAM 系统的主要作用,就是设计数据的转换、计算机控制数控机床、计算机辅助制造过程计划、加工时间安排、工具设计与生产流程、模具的自动制造、材料的自动处理,以及自动装配和对机器的管理等。

　　20 世纪 80 年代中期,人们又开始把 CAD、CAM 等系统连成一种自动化系统,叫作计算机集成制造系统,简称 CIMS。它包括管理决策、计算机辅助设计和计算机辅助制造三个部分。它是飞机制造过程最优化的产品大系统,收效很好。

　　美国的波音公司过去设计新飞机往往要 3~5 年的时间,采用 CIMS 这种综合性高技术,只需要几个月,甚至几个星期,就可以设计并制造出一架新型飞机。

 ## 汽车制造

　　汽车诞生以来,使陆上交通工具有了很大的改观,也使人们的生活步入一个新的时代。

　　世界上第一辆以蒸汽机为动力的木制三轮车是法国的丘约制造的。世界上第一辆内燃机汽车,是英国人勃朗制成的,它有两个汽缸。

　　直到 1886 年,德国人奔驰才制造出第一辆实用汽车,它是以汽油

快速更替的电脑

机为动力的自动车。所以,德国人自豪地说:"这才是第一辆汽车厂。"现在版轿车是德国的高级轿车,也是世界有名的高级轿车——"奔驰"。

20世纪80年代,计算机被广泛应用。发达国家推出了"3 A"革命,即"工厂自动化"、"办公自动化"、"家庭自动化"。汽车制造业也率先自动化了。

所谓"工厂自动化",就是指从一条生产线的自动化到设计、生产和管理过程的全面自动化。

工厂自动化的高级阶段就是无人工厂,即工厂从设计到生产全部自动化。这种自动化就是用计算机或机器人控制生产。

20世纪50年代初,人们就开始探索和使用自动化生产流水线,20世纪70年代以后,逐渐使用计算机来控制数控机床。而后,随着计算机的发展,工厂自动化水平更加提高了。

CAD(计算机辅助设计)和CAM(计算机辅助制造)在工厂的应用以及20世纪80年代合成的CIMS(计算机集成制造系统),使工厂高度综合自动化。

发达国家汽车制造业的生产过程,基本上全面实现了自动化。

你走进汽车制造厂,可以看到在汽车装配线上,焊接机器人在准确地焊接汽车上的各种零部件。监控机器人在检查和纠正生产线上整车或零部件的安放位置。

当机器人发现差错时,会通知管理工程师,甚至能指出毛病的所在。

有的汽车制造厂,用机器人控制整个装配线。

机器人会记录生产过程中仓库库存零部件的使用情况,在零部件接近用完时,会通知管理人员,甚至可以通过计算机系统把信息传给供货单位。

如果在装配线尽头上放一个机器人,它会监控整车生产的情况并把信息及时传给管理人员或销售人员,或者把信息传给世界各地零售商。

快速更替的电脑

工厂还可以根据零售商的需要，把汽车的类型告诉机器人领班，领班去启动装配线上的不同机器人，按时生产合格的汽车，并交付零售商。

你看，像这样的工厂没有高素质的管理人员行吗？

 # 高炉上料

铁的使用使人类生活发生了翻天覆地的变化。用铁制的工具锋利，不仅可以消灭敌人，捍卫自我，而且使生产力大大提高，用铁制的犁、铲、镐等工具，改造自然，开发农业，比用石器和铜器要进步多了。

我国的冶铁技术始于春秋初年，铁的柔性好，又锋利，这使春秋战国农业生产的发展和战国七雄军队的战斗力，大大加强。

冶铁需要铁矿石。我国铁的蕴藏量比较丰富，有赤铁矿、褐铁矿、磁铁矿等。

工业上用的铁是将铁矿和焦炭置于高炉中冶炼而成的。根据铁中含碳量的不同，可分为生铁(含碳 2%以上)、工业纯铁 (含碳一般在 0.4%以下)。含碳量在 0.4%~2%之间的叫作"钢"。

现代冶炼，一般使用焦炭为燃料。焦炭是煤经过干馏所得的固体燃料。

但是，由于入炉原料称量不准和焦炭含水量不稳定，因而影响了铁的产量和质量，同时浪费了大量焦炭。

计算机的发展使冶炼业插上了腾飞的翅膀。

人们采用电脑监控，就会实现配料称量误差的自动补偿。当计算机发现供料称量不足时就可以自动补偿。

焦炭的水分更是人力难以控制的。如果使用计算机监控，就可以测出焦炭水分的多少，如果不足，也可以自动补偿。这样，就会提高高炉上料效率，提高冶铁的数量和质量，同时减轻了炼铁工人的劳动强度。

不仅如此，计算机还能在热轧车间大显身手。

根据客户订单的要求，在原料仓库中取出一块尺寸合适的钢坯，送入加热炉加热。计算机可以算出轧制道数、每次压下量和轧制速度，从而控制热轧机轧出符合客户需要的成品，既不浪费，也使客户称心。

近年来，计算机在冶炼方面越来越显示出它的作用。一些先进的工厂，从配料、冶炼、产品加工等，都使用了计算机。有些工厂使用计算机管理和指导生产，例如原料配备、控制炉温和冶炼质量等。还有的使用机器人搬运，大大减轻了冶炼工人的劳动量。

 ## 计算机"探伤"

医生可以通过观察，或者使用仪器透视、拍照等方法，测出病人的伤势情况和部位，采取有效措施，及时治疗，免去病人的痛苦。

你可知道，各种金属材料的焊接与加工，如果有了"伤"，可以用电脑检测吗？

有些金属材料的焊接工艺，诸如飞机、轮船和汽车体的焊接以及输油管道和其他一些机件的焊接，也是马虎不得的。如果出了差错，造成的损失是不可估量的。

且不说飞机、汽车、轮船，就是输油管道这样简单的工件，一旦焊接不好，发生漏油，也将造成很大的损失。

但是，这些"伤"用肉眼往往是查不出来的。

计算机的发展和广泛应用给焊接工艺带来了很大的惠利。采用电脑"探伤"就比人工检测高明多了。

这项技术在国外很早就被采用，并取得了理想的效果。我国在这方面的研究成果也很显著。

快速更替的电脑

我国研制的工业纹理识别系统会使这类检测自动完成。该系统含有光测力学图像分析软件及金相图像分析软件。在电脑的控制下,输石油钢管焊缝及压力的质量可以自动判定。

轴承是许多机器的重要部件,如果轴承表面质量不合格会影响机器的使用寿命,甚至容易导致事故。所以,对轴承的质量要求是很严格的。如果采用电脑控制和检测,就不容易出现不合格的产品,更不会让次品流向社会。

有些工厂,诸如造船厂、汽车制造厂等,还采用机器人焊接,包括点焊、弧焊,无所不能,而且质量很好。例如,汽车的驾驶室,主要采用点焊的方法,把各个分离板件焊成一个整体。人工点焊不仅劳动强度大,而且质量也不容易保证。如果使用点焊机器人不仅能保证质量,也大大减轻了工人的劳动强度。它可以自动编程,可以调整空间定位,就是工厂要更换汽车的类型,也不用更换机器人。

由于机器人焊接的自动检测系统很完美,所以也就不容易出现"伤痕",不需要再"探伤"了。

电脑探矿

李四光是我国乃至世界著名的地质专家。他根据我国东部地质构造特点,认为华夏构造体系的三个沉降地带具有广泛的找油远景。大庆、胜利、大港等油田相继出现,从而使我国甩掉了"贫油"的帽子。

这是科学家根据地质构造科学判断出来的。你可知道,要是把专家的这种理论、经验和推理、判断存储在电脑里,那么电脑就会像专家一样,帮助人们找矿。这在计算机设计中称为"专家系统"。

那么,什么是"专家系统"呢?

简单地说，就是一类智能系统，即应用人工智能技术，根据一个或几个专家提供的特殊领域的知识、经验，进行推理和判断，模拟人类专家做决定的过程，来解决那些需要专家才能解决的复杂问题。也就是说，让计算机充当"专家"，即让计算机在各个领域中起人类专家的作用。

"专家系统"的研究经过了一个过程。

最初，人们只是想用几条通用推理规则，加上计算机的计算能力，让计算机求解问题，然而行不通。

于是，研究人员又发现，专家在解决问题时，除了动用一些通用的推理规则和一般的逻辑思维之外，更重要的是会灵活运用专家各自领域的知识，从而引发科学家的奇想。因此，应教会计算机掌握和运用某种专业知识，来解决某种专门问题。

于是，人工智能研究人员开始着手模仿专家解决问题的思路，而且仅适用于某一专门领域解题程序系统。

那么，"专家系统"怎样探矿呢？

如果这个"专家系统"是石油勘探智能系统，那么"专家系统"就会对被勘探的地区的地质构造、生成油气的可能性进行分析，如果认为有油，还要进一步论证有没有开采价值，如果有开采价值，人们就可以根据"专家系统"的指令，开钻探油。那么，"专家系统"灵验吗？

1982年，美国一个"专家系统"在美国华盛顿州发现了一处矿藏，"专家系统"认为这里的矿藏价值为几百万美元到一亿美元。而勘探工程师却认为，这个地方没有矿藏，结果经过开采，果然有矿，这与"专家系统"分析的完全吻合。

你看，"专家系统"为美国人立了一大功。

电视机制造

电视机现在已经成为家庭不可缺少的娱乐工具。

电视机的发展经过了黑白和彩色两个阶段。

20世纪前期,电视机问世。到20世纪50年代,电视机风靡欧美,数量猛增。

最初,电视机屏幕最大不过12寸。因为是人工吹制,不能再大。后来采用焊接技术,电视机屏幕才逐渐扩大。

彩色电视机问世以来,因为它具有色彩,所以更受人们青睐。

近年来,科学家又研制出了三维电视,也就是立体电视。立体电视影像更加逼真,具有立体感。日本、美国、澳大利亚等国,都制造出了不用戴眼镜观看的三维电视。它将走进21世纪的普通百姓家。

电视机的制作,最初是靠人工,制造起来很麻烦。随着计算机的发展和应用,电视机制造业基本上采用电脑控制了。我们经常在电视上可以看到,电子计算机控制的电视集成电路的制造非常迅速,而且准确无误,令人眼花缭乱。

目前,在集成电路制造业和电视机制造业等领域,大部分人工劳动已被装配机器人、焊接机器人和计算机控制的自动检测设备所取代。计算机装配非常迅速,而且保证质量。一台机器就能在印刷线路板上以每小时72000件的速度组装配件,相当于240名工人一小时的工作量。整个装配线只需要11名工人,就可以操纵整个组装系统了。

这样,不仅节省了大量劳动力,还减少了废品,提高了质量,降低了维修保养费用。因此,也使电视机的价格越来越低。

相信,在计算机控制生产下的电视机,质量会更好,会给人们送来更为清晰的电视信号。

快速更替的电脑

电脑与农业

农业从自然自给的经营发展到机械化是一大进步。电气化又使农业得到了进一步的发展。

现在,我国的农业半机械化、机械化、电气化的成分都存在。因为我国农村人口多,土地少,一家一户经营,许多地区,特别是山区,很难有一个统一的模式,就是一些原始的农具,也仍旧到处可见。

世界农业正向着大型化发展。资本主义国家的农场主经营着几千、几万亩土地,机械化、电气化的程度很高。

我国农村土地经营也提倡大户承包制, 这对农业的进一步发展是有利的。

计算机的出现为农业插上了腾飞的翅膀,使生产力进一步提高。我国的许多地区,特别是东北、新疆等地区,许多农业承包大户也采用电脑经营,使农业生产得到了进一步的发展。

请看,电脑在农业发展中所起到的重要作用。

 ## 电脑管理作物生产

提到电脑管理作物生产, 恐怕有许多人会大为惊讶:管理是人的事,计算机也能管理生产?

千真万确。

这是目前发达国家已经采用的高新科学技术，而且收到了良好的效果。电脑管理为农业生产的进一步发展开辟了广阔的道路。

那么，计算机是怎样管理农作物生产的呢？

美国在20世纪60年代末就开始研究实现农田管理模式化、系统化和智能化，研究出了棉花综合管理专家系统(Comax)。70年代开始，又研究和完善了作物模拟模型，可应用于小麦、大豆、玉米、水稻、高粱等作物的管理。

在计算机管理的研究中，人们对棉花的管理进行了卓有成效的研究。Comax-Cossym棉花管理系统就是把专家系统和动力模拟模型结合在一起的系统。

Comax是一种专家系统，即具有专家职能的计算机软件系统。它把土壤学、植物生理学和农学等领域的专业知识及专家、棉农的实践经验汇集起来，编制了棉花生育期的日气象资料和其他资料库，主要对棉花的生长起着指导作用。

Cossym是棉花动力模拟模型，它以土壤理化因子等为原始条件，以天气变化为驱动力，以农业管理技术为人工调控因子，用一系列试验方程，描述棉花生长发育和生长结果。

第一，棉花从出苗到收获，Comax-Cossym每日与棉花的生长发育同步运行。输入的资料有具体地块名称、土壤性质方面的参数、棉花品种特性、出苗期、密度、行距、农田的地理纬度等。第二，输入每日的气候要素，主要是太阳辐射强度、昼夜温度变化以及降雨量等资料，作为模型驱动力。第三，要把每日农业技术措施，诸如灌水日期、灌水方法和灌水量以及施肥日期和施肥方法等资料，作为人工调控因子。这样Comax-Cossym，就可以对输入的资料进行模拟，诸如土壤水分和土壤氮素情况，棉花根系生长情况；模拟棉株体内氮素和碳水化合物库的情况、棉

快速更替的电脑

株水势等来量化棉花对输入的反应、棉株各器官间的营养物质分配和比例关系;用独立的各种表现记录每天单个棉株的高度、节数和单位面积每日的果位数、蕾数、青铃数、成熟铃数以及败育果数,并计算产量;还可以根据已知的事实和假定的天气情况运行 Cossym,对运行结果进行推理、判断,提出下一步生产管理的方案,诸如施肥、灌水以及采收等。

那么,计算机管理生产有什么好处呢?

运用 Comax-Cossym 管理,可以提高棉田管理决策的准确度,例如计算的缺水与实际误差很小, 甚至基本相符, 也使棉田管理具有科学性,诸如及时灌溉和采收等。根据 Comax-Cossym 提供的信息,棉农做出最佳决策,诸如投入人力、资金等。

电脑对棉田实行管理,使美国的棉花增产幅度很大。每公顷净增皮棉 129 千克,利润为 148 美元,有的每公顷可获利 350 美元。

你看,电脑管理农业生产多么科学!

电脑饲养员

肉类是人们必备的营养品。一个正常的人, 每餐大约需要猪肉 16.7 克,或者牛肉 20.1 克。这个数字看来不大,但是,不要说全世界的人口,就是中国的 13 亿多人口,每天需要多少肉类?又需要多少养猪、养牛场供给?

所以,畜禽生产有着十分广阔的市场。

值得庆幸的是,计算机的应用大大减轻了饲养场工人的劳动强度。

在美国,管理猪场全部使用计算机系统。对猪的分娩、生长、出售等各个环节的管理,都采用计算机控制。

养牛业在美国也很发达。早在 20 多年前,美国人就实现了奶牛生产

自动化。管理奶牛生产的计算机系统,存储每头奶牛的健康、繁殖、食量等情况,并能自动地配给精饲料,自动测定和记录每头牛的体重、体温和其他健康状况。现在,美国的各大奶牛场全部采用计算机控制。

澳大利亚有一个 1200 头猪的养猪场,配有一台计算机。计算机每周可提供猪场的经营状况和饲养情况,并提供出下一周饲养工作的一份详细清单。计算机处理的资料包括,断奶记录、配种数据、母猪孕期检查数据等,这些工作只要 20~30 分钟就可以完成。

德国有一家奶牛场,采用计算机饲养员系统。每头牛的头颈上都装有传感器,饲槽上装有传感线圈,当牛把头伸入饲槽时,电脑即可测得该牛的编号,并根据探测的生长情况,流出应配的料量,每天定时饲喂两次。若不在饲喂范围内,即使牛把头伸进饲槽,也不会有饲料流出。

有的奶牛场,是奶牛走到一台地秤上,计算机便对奶牛的各种变量,特别是体重,进行检测和分析,根据分析的情况,确定应投放的饲料。使用这种饲喂方法,不会因为过量进食,或者进食不足,而使奶牛产奶量减少。

不仅如此,在计算机饲喂过程中,还可以通过奶牛的饮食情况、产奶情况,测出奶牛的健康状况,如乳房炎等症状。只要把一种微型传感器安装在奶牛的乳房内,记录体温等,然后通过小型发射器,传给计算机,计算机再传给牧场主,这样便可及时发现疾病,并进行治疗,使奶牛早日康复。

正是现代高新科技成果,使得畜禽业大为发展,从而满足了人们副食品的需要。你看,科学为人类带来多大的惠利!

快速更替的电脑

预测病虫害

人们生活离不开粮食和果蔬，一些病菌和害虫，也要依靠它们生存。因此，自古以来就存在着病虫与人争食的斗争。

人类为了维护自身利益，就要采取防治和消灭病虫害的方法。于是，生物治虫、药物杀菌灭虫、破坏害虫繁殖链等方法，就被利用上了。

计算机的开发和使用，给预测病虫害多了一个可靠的帮手，而且收效很大。

现在，世界各国都在开展和利用计算机对农作物的诊断系统。

美国对农作物病虫害的防治投入很大，并成功地开发了农业专家应用系统，诸如大豆病害诊断系统、预测玉米螟危害系统、苹果害虫与果园管理系统等。

美国纽约州的苹果园，对病虫害使用计算机跟踪检测，收到了良好的效果，杀虫剂的使用量减少了 5%，每亩节约大约 30 美元，不仅提高了经济效益，也提高了生态效益。

日本利用电子计算机分别组建了一系列多元回归预测式，对稻瘟病、稻飞虱、叶蝉、柑橘黑点病等病虫害进行监控，对预防和消灭病虫害起到了很大作用。

日本还开展了利用模拟模型方法，预测农作物的病虫害，在实际应用中，收到了良好的效果。

稻瘟病是危害水稻生长的重要病害。日本科学家研究和利用模型 BlastAM，以稻瘟病菌感染适宜的叶面湿润时间为主要因子进行控制。这是根据自动气象资料获得系统的每小时降雨量、风速、日照时间进行核定的。还考虑由于大风或连续降雨等因素，引起的空中飞散孢子数的减

少、叶面附着孢子的流失、叶面湿润时间长短、湿润时间内不同温度等，对病菌侵入率的影响，以及病菌适感叶面湿润时间出现前五天的气温等因素，来预测病害的初发期、蔓延期，以及发病程度和发病地区差异等。

在日本有一种智能型农作物病虫害诊断系统。它是通过作物栽培、生长的环境条件以及其他条件等，估计可能出现的病虫害及其病害症状资料组建的。把这些资料整理分析后，编成计算机程序，并存储在智能型作物病害诊断系统里，只要采取人机对话的方式，就可以获得某种作物可能出现的病害症状、防治方法等信息。

目前，这种诊断系统可以对草莓的 17 种病害、梨树的 15 种病害作出准确诊断，并提供有效的防治措施，对防治作物病害起到了重要作用。

几种农药混用是农业消灭病虫害的有效措施。但是，几种农药混用对某种作物是否合适，需要检测。一般来说，用人工检测只能检验两种农药的混用结果，而且要花费一定的时间。如果把农药对某种作物混用状态的数据资料编成程序，存入计算机，便可以通过人机对话取得几种农药混用是否可靠的信息。

电脑灌溉

水是农业的命脉。庄稼离开水，就像人离开水一样不能生存。

我国是世界上水资源匮乏的国家之一。淡水资源为 28000 亿立方米，居世界第 6 位，但是人均占有量仅为 2400 立方米，为世界人均占有量的 1/4，居世界 109 位。目前，全国 60% 的城市供水不足，每年缺水量达 60 亿立方米；进入 21 世纪，我国用水量超过 7000 亿立方米，缺水量达到 1000 亿立方米。

我国是农业大国,农业用水约占全国总用水量的 70%。其中有 90% 用于农田灌溉。据统计,我国每年农业用水约为 4000 亿立方米,但是利用率仅为 40%,60% 的水白白浪费掉。所以,大力推广节水灌溉技术,发展节水农业刻不容缓。

喷灌和微灌是世界上各国采用最多,也是效果显著的节水技术。

喷灌的专门设备,如动力机械、水泵、管道等,把水送到灌溉区域,通过喷头喷射到空中,散成细小水滴,均匀地散布在田间。它适用于所有旱地作物,如谷、草、花、蔬、果等。

微灌包括滴灌、微喷灌和涌泉灌等。它可以按照作物需要,定时定量通过低压管道系统末端的特制灌溉器,如滴水头、微喷头、涌水器、滴灌带等,将水和养分以较小的流量准确、均匀、直接输送到作物根部附近的土壤的表层和上层中,主要用于局部灌溉。

计算机的应用,使灌溉技术大为改观。人们可以用电脑控制,使水滴慢慢地渗入根苗之下,这样可以节约大量用水。

田间喷水器,可以用雷达探测风向变化等因素,以调节喷水大小,控制压力,使喷水均匀,避免水的浪费。

"3S"农业管理信息化系统,也是一种有效的节水灌溉系统。

所谓"3S",是指遥感系统(RS)、地理信息系统(GIS)和全球定位系统(GPS)。这是当今世界正在迅速发展的新技术。

利用"3S"技术,可以建立田间墒情监测网系统、旱情旱灾防治系统、节水农业综合技术系统等,可随时对土壤含水率分布进行测估,精细地指导灌溉,节约水资源。

利用电脑控制灌溉是目前世界上的先进技术。日本的旱地 90% 以上采用这种技术喷灌。美国的微灌面积已达 910 万亩,居世界之首。

世界上最大的计算机滴灌和喷灌技术系统已安置在美国的亚利桑

那州西南部大片沙漠地带,不但节省了 50% 以上的用水量和能量,而且减少了盐分的集结,并使产量增加一倍。

值得注意的是,俄罗斯制造出一种从事农业生产的机器人,它能鉴别田地中的实际情况,与其得到的指令相比较,然后决定怎样干活。例如,它可以根据墒情、气温、风力来选择灌溉的方法。

电脑灌溉,使人类有限的水资源得到了合理的应用。

电脑剪羊毛

从 15 世纪末开始,英国的毛纺织工业蓬勃发展,使养羊业大兴,引起了一场百年圈地运动,成为英国资本的原始积累。圈地运动也迫使农民失去了土地成为工业劳动力,从而导致了资本主义的诞生。

毛纺织业是世界上最早出现的工业之一,也是经久不衰的行业。直到现在,全世界仍旧大力发展养羊业。因为它与人们的生活息息相关。不仅羊肉、羊皮是人们需要的,羊毛更是人们需要的纺织原料之一。

从人们生活的角度看,羊毛织品是人理想的衣饰。毛衫、毛衣是春秋以及冬季人御寒的衣服。毛纺织布料作为衣衫也是备受人们青睐的。

因此,发展养羊业是农业、畜牧业的重要项目之一。

羊毛虽好,但剪羊毛却是一桩麻烦事。人工剪毛需要劳动力相当多,所以每当剪毛时资本家就要雇用大批的剪毛工人。人工剪毛既剪不整齐,又浪费了羊毛。

电的发明和应用以后,人们想到制造电动剪刀。于是剪羊毛便用上了电推刀。这一改革,节省了许多劳动力。

随着计算机的发展和广泛应用,剪羊毛也用上了电脑。

澳大利亚有一家羊毛公司,制造出了一种机器人,能够自动地抓

羊,并会把羊固定起来。用一种被称为剪羊毛"姑娘"的电脑,根据羊的皮图,把电剪刀移近羊皮,手部的传感器会探测出羊皮上的微弱电流,把电剪刀引导到接近羊皮的地方剪毛。

这种电脑控制下的剪羊毛"姑娘",不仅剪毛速度快,效率高,而且剪毛整齐,又大大减轻了劳动强度,深受牧场和养羊大户的喜欢。

令人惊奇的是,这种机器人剪毛时,能根据羊身体的高低、弯曲,皮肤的褶皱,随时进行调整。所以,你就不用担心机器人会伤害到羊。

剪下来的羊毛,用不着人工去捆绑,机器人会自动打包,而且比人打的坚实、整齐、好看,真有点令人不敢相信。包打好以后,机器人便会自己把包运输到仓库中,或是顾客的汽车上。

现在,世界上许多国家的养羊业都采用机器人剪毛、打包、装仓。无疑,电脑机器人对养羊业的发展起到了极大的促进作用。

选育蛋鸡良种

鸡蛋含有很高的蛋白质,是人们理想的食品,也是病人、体质虚弱的人的良好补品。因此,全世界每天的鸡蛋消耗量很大。

一些副食品加工业,诸如蛋糕、蛋卷、蛋饼生产厂家,每天也需要大量的鸡蛋。由于鸡蛋的供应量很大,所以世界各国都有很多大型养鸡场。

我国农村养鸡业也迅速发展起来了,几乎村村都有养鸡专业户。养鸡业成为一些农民脱贫致富的一项很好的副业。

但是,要使鸡多生蛋,就需要蛋鸡良种。为此,我国的科技工作者和一些种鸡场便专心培育蛋鸡良种,以满足养鸡专业户和养鸡场的需要。现在,许多大型养鸡场也都有自己的良种研究所,不断培育出新品种蛋鸡,以满足市场的要求。

种鸡场和大型养鸡场的科研部门，大都采用电脑选育蛋鸡良种。

北京原种鸡场，养有种鸡2.5万只，鸡场利用电脑定期对每只母鸡及种公鸡的十几项指标进行整理、对照和综合分析，从中选出优良品种。种鸡场的所有原始资料，都可以存储在电脑软盘中，查找资料和对照分析，都十分方便，有利于鸡蛋优良品种的培育。

种鸡场把选育出来的蛋鸡良种，经过培育、试养，确认为优良品种，然后就可以孵化出小鸡，向养鸡场提供良种鸡。所以，养鸡场饲养的蛋鸡都是优良品种。

小鸡的孵化也采用电脑控制。从孵化室到孵化箱等孵化器都由电脑控制。有的用电提供热量，有的用热水。

用热水提供热量，就是通过热水给孵化器提供热量。整个过程全由电脑控制。如果温度高了或者低了，电脑便会自动控制，绝不会出现闪失。所以，许多种鸡场的小鸡孵化率达100%。

电脑孵化出来的小鸡，匀整、体壮、抗病力强，所以深受养鸡场和养鸡专业户的喜欢。

你看，现代科学技术把家禽培养得越来越合乎人们的需要。因此，人们便可以吃到物美价廉的鸡蛋。

控制农产品加工

农业的发展，不仅在于提高种植技术水平，改良作物品种，使粮食产量增加，还在于诸如果树、油料、棉花、蔬菜等多种经营方式的广泛采用，并且在满足人们的饮食需要的同时，对农副产品进行加工，以求把剩余的农产品换成金钱，再进一步改进农业生产，以提高人民的生活水平。

对农副产品进行加工是人们早已采用的方法，诸如把粮食加工成

糕点,把果品、肉类制成罐头等。

但是,过去人们的加工方法多是手工,或者靠机械化、电气化来实现,加工方式落后,效益不高。

计算机问世以后,为农产品的加工插上了腾飞的翅膀,从而大大加速了农业的发展。

美国在农副产品加工方面的成效显著。美国的可口可乐公司的橙汁生产线能够使提取果汁和芳香油工序一次性完成。整个生产线的自动控制是在一个只有 10 平方米左右的计算机总控制室实现的,速度快,效率高,令人吃惊。

新西兰一家肉制品公司研究出一种肉类分级分类微机系统。这种系统的探测器和微电脑连接,能够每秒处理 1000 个数据。被处理的,有表皮肥肉、瘦肉和肌肉的结缔组织、色泽和机器数据。通过这些数据,对肉质作出准确的评估,给肉食品加工提供了详细的数据,从而确保了加工质量。

不仅如此,进行农副产品加工,要从农民手中收购加工原料,这些原料有的需要保存。这是过去农副产品加工的主要矛盾。因为农副产品的收购是有季节性的,而加工都是长年的,储藏不好,有的农副产品就会腐烂变质,造成经济损失。

为此,人们采用计算机控制,使一些农副产品全年供应。例如,美国一家马铃薯通风库,在计算机控制下,可自动控制通风、温度和湿度,使储存期达到 10 个月以上。

美国、以色列在柑橘生产中实现了计算机控制包装。鲜果收购以后,通过计算机控制,对鲜果清洗、消毒、上色、打蜡、分级,甚至连装箱运输也都是计算机控制的。这就大大缩短了鲜果从采摘到运输的时间,使远方的顾客吃到更新鲜的水果,而且减少了腐烂,大大提高了经济效益。

　　计算机的使用使农副产品加工更加自动化、科学化，为农副产品的推销开辟了广阔的道路。这又是科学改变和提高人民生活的例证。科学技术的确是生产力。

电脑与军事

战争是解决政治矛盾的最高形式。从人类社会诞生以来,战争就一直没有停止过。

古代的战争以长矛为武器,后来发展为以火药为武器的战争,以及现代更为先进的原子武器战争,都是为政治服务的。

没有战争,也要做战争准备。因为世界上不会没有政治斗争。海湾战争、科索沃战争,都是以大欺小的战争,即使不愿意,战争仍旧是不可避免的。

所以,作为战争的武器,就一直是人类竞相发展的征服功臣,导弹、洲际导弹、原子弹、氢弹便应运而生。

电子计算机的发明和应用,为现代战争加上了"灵魂",使弹头上长了"眼睛"。现代战争的神威,令人瞠目结舌。

战争是客观存在的。要避免战争,或者在战争中取胜,只有发展综合国力,加强国防建设,以强大的威势屹立于世界。

下面我们看看在现代战争中,计算机控制下的武器威力。

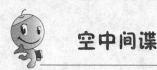

空中间谍

孙子曰:"知己知彼,百战不殆。"这是自古以来的兵家常识。要"知彼",就要进行军事侦察。

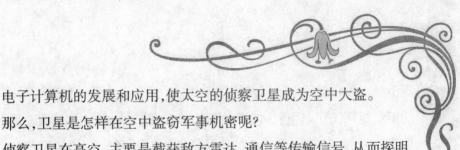

电子计算机的发展和应用,使太空的侦察卫星成为空中大盗。

那么,卫星是怎样在空中盗窃军事机密呢?

侦察卫星在高空,主要是截获敌方雷达、通信等传输信号,从而探明敌方的军用电子系统的性质、位置和活动情况,以及新武器装备情况。通过分析研究这些情况,能了解敌方军队的调动、部署乃至战略意图。

美国在1962年5月,发射了世界上第一颗电子侦察卫星。现在作为空中大盗,美国在太空拥有同步型电子侦察卫星"大酒瓶"、大椭圆轨道型卫星"折叠椅"和新型极轨卫星"雪貂"等多颗间谍卫星。

这些空中大盗在海湾战争中大显身手。它们在空中专门截获伊拉克发射的无线电通信和雷达信号,监听卫星通信的电话和背负式步话机的通话内容,使伊拉克的每一枚导弹的发射、每一架飞机的起飞、每一辆坦克的出动、每一部雷达的开机,甚至一些微小的活动,都逃脱不出它们的监视。

这种卫星,在南联盟战争中,同样发挥了这样的作用,使得科索沃地区南联盟的军事措施、军事活动资料全部被窃取,也使北约的闪电式轰炸得以成功。

1994年到1997年,美国又发射了三颗"号角"卫星。

"号角"卫星重6吨,采用了军用航天系统先进的电子数据传送技术,发射到与俄罗斯"闪电"通信卫星类似的大椭圆轨道上,把窃听的范围扩大到纬度较高的俄罗斯和中国北部地区。这种卫星装有复杂精细的宽频带阵窃听天线,展开直径91.4米。它可以监听上千个地面信号源,包括俄罗斯陆地与核潜艇舰队之间的通信。"号角"卫星使美军获得了近似于连续信号情报的侦察能力。在战争中,它将为美国取得信息优势。

为了取得空中优势,便于与美国对抗,苏联在1967年发射电子侦

察卫星。现在俄罗斯已经使用第四代侦察卫星。它用 4 颗轨道间隔 45° 的卫星组网工作,运行 14 圈可覆盖全球一遍。它的功能是截获通信和电子信号,跟踪美国和北约的舰队活动,把获得的情报,经过"急流"中继卫星传输给国内地面站。这种卫星有防止反卫星武器袭击的能力,还能攻击其他卫星。这些卫星也为海湾战争俄罗斯制定决策提供了可靠的依据。

你看,科学发展到今天,弱小国家的军事还有秘密可言吗!

 ## 海上窃密

海战是军事上的一种作战形式。

第二次世界大战期间,日本偷袭珍珠港,使美国的太平洋舰队几乎瘫痪。如果当年有今天的海空侦察卫星,美国就不会吃这样的大亏,也就不会有遗留千古的珍珠港事件了。

海洋的面积,约占地球面积的 70%,如果在海上打起仗来,用船只和军用飞机去监视并获取全球海洋情报,就是成千上万的船只和飞机也难以完成任务。但是,如果使用卫星在海空中进行监视,就容易多了。

现代计算机的应用,使海上窃密多了帮手,它集电子侦察、成像侦察于一身,大大加强了对海洋的监视能力。

那么,海洋监视卫星怎样窃密呢?

海上监视卫星主要用来对海上舰艇进行探测、跟踪、定位、识别和监视。

它用自己的监视系统,截获敌舰艇上的雷达、通信和其他无线电设备发出的无线电信号,通过电脑来判明和确定舰队的性质、数量、位置、航速和航程等,并迅速地传输给本国,为本国的军事行动和战略决策提供依据。

不仅如此，海洋监视卫星还能监视、跟踪低空飞行的敌方巡航导弹，及时为本国提供可靠情报，并通过对情报的分析，发射导弹，摧毁敌方的巡航导弹和敌舰。同时，也为本国海上舰队安全行驶，提供海面状况、海洋特性等重要数据，还可以使自己的舰队离开敌人可能袭击的危险区，并为进攻敌舰提供情报。

1976 年，美国发射了第一颗海上监视卫星"白云"号。它采用一主三辅的卫星簇模式，就是由 1 颗卫星为主，3 颗子卫星组成一个小型星座。这个小型星座，位于高空 1000 千米处，倾角为 63.4° 的轨道平面上，彼此相隔 50~240 千米。这 4 颗卫星同时测定目标方位。子卫星所获得的数据，要传送给主卫星，然后由主卫星利用三角测量技术，计算出敌舰的数量、位置、速度，再发回本国地面。卫星上装有雷达和通信接收装置，用于电子侦察、通信窃听，并探测和确定目标位置。红外探测器用于探测核潜艇尾流的红外辐射。微波辐射只用作调查海面状况或海洋特性。

1990 年，美国又发射了新一代"白云"，主卫星质量更大，并采用了高级 KH-11 和"长曲棍球"卫星，具备了海洋监视成像能力。整个小星座对运动目标定位精度提高到 2 千米，正是它在海湾战争中发挥了窃密的作用。

苏联也在 1967 年到 1989 年发射了 34 颗主动型海洋监视卫星，它与被动型卫星配合使用，使被监视的船只很难逃脱。

现代战争，使海上也没有秘密可言了。

 ## 破译密码

密码是军事上通信的绝密方法。为了使敌方无法知道自己的兵力部署、行动意向和战略决策等，在战场上必须用密码传达，这样才能使

己方明白指挥部的作战部署,而使对方蒙在鼓里。

如果要达到"知己知彼,百战不殆"的目的,就必须想尽一切办法破译敌方的军事密码,获得准确的情报,否则战争就很难取胜。

第一次世界大战期间,沙俄在战场上使用了明码电报通信,即使用了国家规定的电报编码,这种编码是很容易被知道的。正当沙俄以绝对优势的兵力向德军发起进攻时,德军截获了俄军的无线电报,知道了俄军的兵力部署和作战计划,以少胜多,使沙俄损失兵力近30万。由此可见,军事作战,必须使用密码。密码的使用,使军事作战增加了隐蔽性。因此,要想"知彼",就必须设法破译敌方的密码。

为了使敌方无法破译和防止被破译,还要经常改变密码,所以有时刚刚明白了对方密码的意思,再截获的密码又改变了原意,即使截获来,也只能是读天书。密码一旦被破译,后果不堪设想。第二次世界大战中,美国因为成功地破译了日军的密码,截击了日本联合舰队司令山本五十六大将的座机,使中途岛伏击取得了辉煌胜利。

第二次世界大战期间,各国都投入了大量"智囊团",破译对方的密码。英国海军曾组织了5000人,专门破译德军的密码,这些专业人员,寻找的是敌方密码的规律,从而最终了解密码的意义。

后来,参与战争的数学家和密码专家,为了破译敌方密码,就联合制造了密码破译仪器。这样,破译密码的工作取得了新的突破。

计算机的问世,使人们想到了用计算机破译密码。实践证明,用计算机破译密码是最理想的方法。那么,计算机能够破译密码吗?

计算机破译密码,需要在数据的海洋里,迅速找出密码的规律,将密码破译。美国中央情报局利用巨型计算机已经破译了一半以上世界现有国家的官方密码。计算机不仅能破译密码,还能创造密码。根据需要,它可以造出几乎无法破译的密码。

所以，计算机制作和破译密码，成了各国计算机科学的较量。在这场较量斗争中，谁的科学技术先进，谁就会取胜。

由此可见，现代高新科学技术在现代战争中是非常重要的。

C3 作战系统

战争需要指挥机构，运用可靠的情报、使用先进的武器，并通过正确指挥，方能取得胜利。

现代战争，运用计算机辅助，可以做到迅速、快捷。有时甚至一方还蒙在鼓里，战斗已经结束了。

C3 作战系统，被称为现代战争的神经系统。如果一个国家拥有完善的 C3 系统，在战争中便会取胜在握。

那么，什么是 C3 系统呢？

所谓 C3 系统，是指集指挥、控制、通信、情报为一体的现代作战系统。因为"指挥"、"控制"、"通信"三个英文单词的第一个字母都是"C"，"情报"的第一个字母是"I"，所以把这种作战系统称为 C3。

那么 C3 系统怎样协同作战呢？

C3 能够调动各个雷达站及其他情报系统，得到可靠的情报，然后由计算机系统分析，迅速报告指挥所。指挥所根据情报，由计算机作出若干作战方案，选择出最佳方案，再由计算通信系统发出命令。各作战部队根据命令，自动控制各种武器，进行作战。这种系统可大可小，大到一个国家使用，小到一个机群就可以使用。

那么这种系统科学吗？

这需要用事实来验证。阿根廷与英国之间曾经在马尔维纳斯群岛的归属权上有争议。1982 年 9 月的一天，阿根廷军队用当年日本人袭击

快速更替的电脑

珍珠港的方式,突然袭击并占领了马尔维纳斯群岛。因为阿根廷是通过事先策划的有准备战争,所以认为胜利一定在握。

英国人同当年美国人没有意识到日本人会对美国动武一样,没有意识到阿根廷会使用武力,所以毫无准备。

不过时代不同了,英国人在 C3 系统的指挥下,四天内集结了包括陆、海、空三军的特遣队,迅速开赴离英国 13000 千米的马尔维纳斯群岛,并立即投入战斗,很快取得了胜利。

阿根廷的优势兵力并没有发挥出应有的作用。究其原因主要是阿根廷缺乏完整的 C3 系统。

1982 年 6 月 9 日,以色列空军袭击了叙利亚在卡谷地的防空导弹基地。以军以 E-2C 预警机和一架波音-707 电子飞机为中心,构成了一个小型 C3 作战系统。

以军的 C3 系统以计算机控制的雷达系统、电子通信系统和电子干扰系统,使叙利亚的飞机和地面雷达、通信系统始终在以军的干扰之下,叙利亚的飞机也在 E-2C 飞机的雷达监控之下。

以军 C3 系统能够准确地确定对方飞机的位置、型号、航线、速度、高度等,自动通知自己的飞机对叙利亚飞机进行进攻。

这次空战,叙利亚失去了 19 个导弹连,有 80 架飞机被毁,而以色列连一架战斗机都没有损失。

你看,C3 作战系统多么重要。

智能"高参"

自古以来,军事作战离不开谋士参谋。因为一个人的智力毕竟有限。例如,刘邦之所以能得天下,是与张良、陆贾等谋士的参谋分不开的。

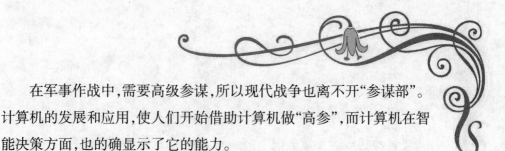

在军事作战中，需要高级参谋，所以现代战争也离不开"参谋部"。计算机的发展和应用，使人们开始借助计算机做"高参"，而计算机在智能决策方面，也的确显示了它的能力。

那么，计算机是怎样参与决策的呢？

要使计算机参与决策，就要使计算机具有知识和处理知识的能力，因而必须使计算机具有智能决策的支持系统。

一个军事家，把自己的经历或有关战斗的常识，告诉计算机决策系统。当决策系统在辅助战场作战时，有些情况无法用纯数学方法去解决，便可以利用这些知识进行判断、推理和思考，给指挥员一个正确的答复。这便是计算机参与决策。

那么，智能决策系统是一种怎样的系统呢？

决策要有一个过程。一般来说，决策要以解决某一问题为基础，然后提出与这一问题有关的情况，诸如有关的数据以及相关的关系等，然后根据头脑固有的解题方法、计算方法以及已有的知识和经验，进行思考和判断，最后提出一个最佳方案。这种决策系统，一般由数据库子系统、模型库子系统、方法库子系统、知识库子系统和语言子系统组成。

数据库子系统，存储了决策支持系统中的有关数据，是决策的基础。决策时可以根据实际情况，修改这些数据。

模型库子系统，存储了有关的数学模型，是决策支持系统的关键部分。一般是有关军事家就某一类问题建立的。

方法库子系统，存储了解决问题的各种方法，包括某个领域的军事问题及相关问题研究所使用的方法。

知识库子系统，存储了军事家的有关知识和经验。它关系到决策支持系统智能的高低，是通过"推理机"的一些较为复杂的推理完成的。

语言子系统，是人们用语言子系统与智能决策系统进行交流，如会

话式、命令式等。

那么,这种智能决策系统有怎样的智能呢?

这种智能决策系统能够完成一些人脑无法完成的工作。人们可以向它提问、咨询和讨论,使战争决策更加正确和灵活。而且,由于系统是凭事实作判断的,避免了人类感情、性格等许多主观因素对决策的影响,决策更加科学化。

1982 年英国马尔维纳斯群岛海战取胜以及美国多国部队在海湾战争中取胜,都是计算机"高参"的结果。

"飞毛腿"的遗憾

深夜,一枚"飞毛腿"导弹呼啸着划过长空,从伊拉克飞向以色列。然而就要快飞到目的地时,却在空中轰然爆炸,无法击中目标。人们怀疑:"飞毛腿"短点。

原来"飞毛腿"导弹在飞抵以色列上空时受到以色列"爱国者"导弹的拦击,两颗导弹在空中同归于尽。

这是怎么回事呢?

在 1991 年发生的海湾战争中,伊拉克总统萨达姆企图用"飞毛腿"导弹袭击以色列,使以色列投入战斗,利用阿拉伯国家与以色列的矛盾,使他们支持伊拉克,从而导致一场混战。然而高新科技的发展,魔高一尺,道高一丈,"飞毛腿"却屡遭美国生产的"爱国者"导弹的拦击,使伊拉克的美梦成了泡影。

那么"爱国者"为什么能够技高"飞毛腿"一筹呢?

这便是现代科学技术,特别是计算机发挥了它巨大的威力。

海湾战争期间,美国有 20 多颗高、中、低不同轨道的侦察卫星,日

快速更替的电脑

夜监视伊拉克。伊拉克的全部军事行动,全在美国人的眼睛里。例如,有颗叫作"锁眼"式的侦察卫星,能精确地辨认出地面直径 10~30 厘米的目标,就是说,地面上的一只罐头盒,也能辨认得很清楚。有人形容说,它能从锁眼里看到房门里的东西。

美国的这群卫星,有两颗专门监视"飞毛腿"的行踪。它在距伊拉克43000 千米的高空,装有 3.7 米长的红外远望镜,可以产生立体图像数据。

卫星每 12 秒钟转一周,对地面扫描一次,只要伊拉克地面的"飞毛腿"一发射,至少在 12 秒内,就可以从导弹的尾焰热量获得数据,电脑立即把这些数据送往美军在澳大利亚和美国科罗拉多州的空军地面站。

两个地面站的计算机,对接收到的图像数据进行比较,确认并推算出导弹可能飞行的轨道。

随着导弹的不断上升,卫星继续跟踪观察,将计算机发回来的越来越明确的数据,用计算机进行分析,确定"爱国者"导弹起飞的时间和拦击的目标。

从"爱国者"发射,到最后确定目标及打击范围,再用计算机传到基地,只需要 5 分钟。而"飞毛腿"从发射到击中以色列的目标,则需要 6~7 分钟。因此,还有 60~120 秒钟的时间。神速的计算机使"爱国者"有充足的时间在空中拦击"飞毛腿"。

你看计算机多神奇,在 1~2 分钟,就可以指使"爱国者"拦击"飞毛腿"成功。人们不能不惊叹现代计算机的威力。

"猎豹式"自行高炮

现代战争的武器,从火炮、导弹到太空的人造侦察卫星,都离不开计算机。就像三国时的刘备,一旦没有诸葛亮的参与,就没有了主心骨

一样,作战就会失败。

从这一角度讲,可以说计算机相当于常规武器的智囊。

自古以来,大炮就是战争中的重武器。它能轰击远程目标,毁坏敌人的工事。然而,那时候的大炮,虽说是也有瞄准镜和其他调整击中目标的仪器,但是,总的说来只是大体的瞄准。所以,就有了人们所说的"狂轰滥炸"。因为它瞄不准,不"滥炸"又能怎么办?

计算机的发明和在军事上的应用,使大炮像长了眼睛一样,说大炮能百发百中,毫不夸张。因此,现代武器在战争中的威力就大得多了,不再是"狂轰滥炸"了。德国人在第二次世界大战末,制造了 V-2 火箭,然而却没有挽救希特勒的灭亡,同时却使美国和苏联获得了火箭的发射技术,使得航天技术能够很快发展。

今天的德国人发明了一种"猎豹式"自动高炮,使德国的武器生产不能不令人刮目相看。

那么,这种武器有什么神奇作用呢?

这种高射炮装有计算机和雷达。当飞机进入射程时,计算机会根据雷达提供的数据,迅速确定飞机的位置,控制高炮的自动射击目标。神奇的是,这种高炮从测定进攻敌机的方向、距离、速度,到下达命令对飞机进行射击,所用的时间不到 6 秒钟。所以,这种高炮在 20 秒钟内,可以使三架来自不同方向的敌机毙命。

人们将这种不仅能够百发百中,而且能够以迅雷不及掩耳之势攻击的高炮,称为"带利爪的计算机"。这可以说是对计算机运算神速的褒奖,也进一步说明,计算机的神奇作用,使现代武器具有巨大的威力。

"猎豹式"自动高炮,还可以组成炮群,同时和一个中心计算机相连接,由中心计算机统一控制、协调作战。一旦有许多敌机来临,这些自行高炮可以在计算机的指挥下,根据战场实际情况,合理分配任务,分别

快速更替的电脑

对不同方向的敌机射击,并使来者有来无回。

这种由计算机控制的火器,还仅是"猎豹式"高炮的一种。现在许多国家都在研究并使用计算机控制的各种大炮,现代战争一旦在陆地打起来,将是一场灾难。

你瞧,计算机在武器中的威力有多大!

计算机导航系统

火箭的发明,使得发射中远程导弹和洲际导弹成为可能。

导弹,是一种装有弹头、动力装置并能制导的高速飞行武器。按发射点和目标位置,可分为地对地、地对空、空对空、空对地、空对舰、舰对地、舰对舰、岸对舰等导弹;按发射里程可分为近程、中程、远程和洲际导弹。

第二次大战期间,美国因为获取了德国 V-2 火箭的资料和设计人才,于 1946 年 4 月,便发射成功 V-2 火箭。1950 年,美国研究成功"红石"中程导弹,1954 年又开始研究洲际导弹。然而,最先发射的却是苏联的 S-6 洲际导弹。因为苏联也在"二战"中获取了德国的 V-2 火箭的有关资料。

中远程导弹和洲际导弹的发射成功,使战争的威力更大了。

然而,要使中远程导弹和洲际导弹的命中率提高,却必须有一套导航系统。

20 世纪 70 年代,世界各国加紧研究。由于微电子和计算机技术的发展,导弹更能准确地击中目标。

那么,计算机导航系统怎么影响导弹命中率精确度呢?

由于使用计算机导航系统,美国研究成功了 1 万公里的洲际导弹。它的命中率精确度只有几十米、几米。几乎地球上任何一个地方的一幢

139

大楼,使用洲际导弹,都可以轻而易举地击中。

所以,几乎不用出家门,现代战争就可以打起来,而且由于精确度的提高,战争更加残酷了。美国研制的一种先进的中程巡航导弹,射程为 2000 千米,导弹上装有一个计算机导航系统。这个计算机导航系统,只要按确定的目标发射出去,可以根据内部的数字化地图,自动调节飞行状态和飞行路线,就像飞行员驾驶战斗机那样运用自如。

在飞行中,为了躲避敌方的探测雷达,它可以进行超低空飞行,而且能根据地形变化改变飞行高度。也就是说,遇到高山可以升高飞行;遇到山谷,可以潜在谷中飞行。这样,敌人不容易发现它,而它却能准确地击中目标。在海湾战争中,伊拉克有些要害部门,防空设施相当坚固,有些上面具有厚厚的防护层,如果想从顶部炸毁它,是不可能的,就像用手枪射击坦克一样,毫无用处。为此,美国使用一种神奇的计算机控制的导弹,这种导弹可以拐弯从底部的入口处或通风口等部位钻进去,就像黄鼠狼从窗口钻进屋子里那么简单。结果从内部将坚固的目标炸毁。

由此可见,计算机的使用,使战争更加现代化、神奇化了。过去只能从演义中读到的神话故事,今天已经成为现实。

快速更替的电脑

电脑生活

计算机的不断发展，不仅进一步解放了劳动力，而且极大地方便了人们的日常生活。所以，计算机被称为蒸汽机发明以来的又一次划时代的革命。

计算机的使用，将使人类进入以自动化为特征的信息社会。美国一位科学家认为，物质、能源、信息是人类社会的三种重要资源，是人类社会的三大支柱。

从 20 世纪 50 年代以来，电脑的应用日益广泛，现在已经深入到生产、生活的每一个领域。

在日常生活中，到处都可以看到计算机的踪影，商店售货、药房司药、银行提款、会计报表、家用电器、儿童玩具，无不使用计算机计算和控制。

有了计算机，使人们的生活得到了极大的改善。现在，我们一起去看看在电脑世界，人们如何生活。

住宅

电脑的发展，使人们的住宅大为改观。

在高度电脑化的住宅中，当你按了门铃，你的面容便清晰地映在客厅电视荧光屏上，主人按一下电钮，大门就会自动开启。

进入客厅以后，你刚落座，按一下电钮，房间的空调，就会按指定的

141

温度自动调整。如果室内光线太强和太弱,你可以按一下电钮,窗帘就可以根据需要自动提升和降落,达到你要求的亮度。

如果你要喝茶或者喝咖啡,电脑微波炉立即会煮出来,一杯可口的饮料会送到你的手中。

如果你想听音乐或者跳舞,电脑录放机会按你的旨意,选择歌曲或舞曲。

这样的住宅,每个窗户和门口都装有防盗报警器。小偷只要跨进窗口或门口,报警器就会自动响起来。室内的一些相应的设施,也安有报警器。例如,室内发生漏电或煤气泄漏,电脑也会自动报警。

这种住宅一旦发生火灾,电脑控制的灭火器会从天花板的各个角落自动打开,喷洒灭火溶液,立即灭火。

如果客人来访,主人不在家,电脑摄像机会自动留下录音或录像。

如果你要洗衣服,不管你是什么布料,也不管脏到什么程度,只要你放进洗衣机,电脑就会根据需要自动调节洗衣机的功能,自动清洗,并甩干,绝不会损坏你的衣料。

做饭炒菜,自然使用的是电脑微波炉,它可以自动控温。有的电脑把 100 种以上的食品烹调,归纳为几种加热方式,只要你按一下所需要的键,就会做出可口的饭菜。

学龄前儿童,可以用电脑辅助教育。儿童学习,可以使用电脑对外语、数学、物理等各科知识进行辅导。要玩的时候,可以使用电子游戏机。如果要学习音乐,电子琴可以教儿童学习各种电子音乐。接上画笔,可以在屏幕上绘出各种美丽的图画。

如果家里有老人,感到寂寞,可以和电脑对弈,也可以听听音乐或国内外新闻。

如果家里用上一台机器人,那么扫地、拖地板、浇花、洗衣、做饭,甚

快速更替的电脑

至照看婴儿,都是机器人的事。

相信,随着经济的发展和电脑的发展,这种电脑住宅会被普通百姓家庭拥有。

教学

中小学生学习,主要是在学校,通过教师和学生的双边活动,完成教学任务。对学生来说,其目的是通过学习,丰富知识,提高自己的各种能力。

但是,教师的教学水平不都是一致的。有的老师知识水平有限,难以满足教学要求。还有的教师知识丰富,但缺乏一定的教学组织能力和管理学生的能力,很难组织好课堂教学,所以教学成绩上不去。有了电脑,教师和学生便可以利用电脑辅助教学和学习。

电脑教学一般是把全国和地方优秀教师的教案和学科教学规律,编成计算机程序,组成计算机辅助教学系统。这种教学系统,可以通过文字、声音、图像等代替教师向学生提问,分析学生的基本情况,并纠正学生学习上的一些错误。

因为是优秀教师教学,其教学水平自然比一般教师要高一些。学校可以在课堂上使用电脑,让学生进一步学习,学生也可以在家里利用电脑辅助学习。

这种电脑基本上把课堂教学内容、教学过程、教学重点、疑难问题,都编入程序。在教学过程中,会把学生容易遇到的问题都讲清楚,对错误进行分析,找出原因。

电脑代替优秀教师教学,会弥补教师的不足,同时也可以通过电脑教学,对原有的学习重复一下,对所学的知识有更深的理解,并巩固自己的知识。

电脑教学不仅对学生有好处，教师也可以通过电脑教学，学习优秀教师的教学方法，不断提高自己的教学水平。

世界上许多国家都采取了电脑教学这种方法。目前，我国已有一些中小学生用的辅助教学软件投入市场，一些中小学生已经从中受益。

当然，电脑教学只是一种辅助教学手段，是为学校系统完整的教学目的服务的。

提款

人们把钱存到银行，既有利于储户，把钱放银行里既安全，又获得了利息，同时也有益于银行，银行可以把存款贷出去，低进高出，从中获益，也有利于发展国民经济，所以国民经济的发展离不开金融机构。

存款自由，提款也自由。这样，每天都有人存款，也有人从银行提款。一般来说，存款总额要超出提款总额，这样加上银行资本，银行总是有钱以备用户取钱。

但是，提款有时也不方便。因为银行或储蓄所，每天都要把钱放入金库，所以上班以后，还要从金库提款，顾客去早了，柜台上没有钱，需要等候。

用户存款需要存折，这是取款的凭证，存折丢了需要挂失，如果挂失不及时，或者发现丢失太晚，容易被别人把钱取走。

另外，银行或储蓄所，还需要大批职工，每天为用户取款服务。取款的用户多了，需要排队。这样浪费了人力，也浪费了时间。

现在银行柜台上使用了电脑，免去了算盘结算和手工开单的麻烦，大大方便了职工，使存款取款速度大大加快。

但是，这种结算方式仍旧比较麻烦，而且也解决不了需要到银行取款的过程。

那么，能不能有更先进的方法呢？为此科学家们研究开发出自动取款机，大大方便了顾客，同时节省了银行的工作人员，也免去了银行取款的过程。

现在一些银行主要营业所，大都设有自动取款机。顾客取款时，只要把银行卡插入阅读器，电脑就会要求用户输入取款密码，只要密码正确，用户便可以输入取款钱数。此时电脑便可以检查用户在银行的存款数额，若数量够了，或者超出，电脑立即输出钱款；反之，若钱数不够，电脑会要求用户修改取款额。

有趣的是，如果密码不正确，输入三次都有错误，那么电脑会把银行卡"吞下"扣留。也就是你的银行卡丢了，别人不知道密码，也绝对取不出款来。

你看，这种电脑提款机多方便，又多保险！

 ## 办公

计算机不断发展，使办公进入自动化。办公自动化，不仅省去了一些人力，更重要的是办公利落、规整、快捷，大大提高了效率。

那么，什么是办公自动化呢？

所谓办公自动化，就是把办公业务，诸如起草文件、绘制图表、文件归档、统计数字等，都由计算机和通信设备处理。办公自动化提高了办公效率。

就文件起草和编辑稿件而言，如果用计算机处理，通过键盘把内容输入电脑。这时你的文件或稿件就会出现在荧光屏上，根据需要，可以在屏幕上删节、增加、调整、修改，而荧光屏不会留下任何痕迹。

同时电脑可以把文件和稿件直接印出来，省去了抄写的麻烦。

现在许多作家写文章，不用写在纸上，只要有一台电脑，就可以把构思的文章内容，通过键盘输入电脑，然后在电脑上修改成文，并根据要求，用不同字体、字号自动排版，打印出来。甚至还可以通过互联网，直接交编辑部审稿。

美国《华盛顿邮报》的编辑部有 300 台计算机终端，编辑眼看着荧光屏，手敲键盘，就可以修改稿件，然后输送到自动排版机里印刷。

机关的会议很多，通知、会议文件、发言材料等都可以通过键盘输入电脑。用过之后，可以存储在硬盘上，一旦要查询，或者下次类似的会议需要参考，只要调出来看看就行了。

有些机关，诸如公安、法院、仲裁等机关将案件、合同契约等存储在"电子文件柜"中，随时都可以提出来参考。

办公自动化，即工作人员不需要集中办公，而是分散到有计算机终端的个人办公室，各办公室可以通过计算机网络，互相连接，沟通信息，甚至有些办公人员，可以不用到办公室，在家中就可以通过计算机网络与单位或其他同事的计算机连接，照常办公。

美国总统卡特在任期间，每周要处理四千多封来信。在白宫卡特的一间办公室里，有一台专门处理总统信件的电脑，根据事先编好的程序，把信件内容分类编号。电子笔可以模仿卡特的笔迹，有针对性地回信，每封信平均一秒钟就可以完成。这省去了总统的许多麻烦，使其有更多的时间去思考和处理国家大事。

由于电脑进入办公室，办公室一改往日人声嘈杂、工作效率不高的局面。

阅卷

20世纪90年代以前,高考阅卷是一种繁重的脑力劳动。

时值炎暑,阅卷人无不对浩瀚的试卷望而生畏。尽管国家为阅卷人创造了良好的条件,诸如增加降温设备,提高解暑条件,但由于劳动时间长,阅卷人还是疲惫不堪,所以许多人都不愿意参加阅卷。

阅卷采用流水作业,每人只批阅一题或一项,这种机械的劳动和长时间的作战,使人很难神志专一,也很难精力长时间充沛。因此,也就难免发生偏差和错误。例如,一道数学题,其运算过程和结果是否一致,往往会被阅卷人忽略过去。

统计分数使用算盘和袖珍计算机,更是麻烦事。统计人员往往会因为长时间劳动,眼睛昏花、手指错用,因而出差错。尽管考务人员以高度负责的态度进行复核,每年还是免不了出错误。

随着计算机的发展和广泛应用,20世纪90年代起,我国采用了电脑阅卷。

电脑阅卷,首先要使电脑能够识别卷面信息。因此,考生需要用给定的一张标准涂卡,用铅笔在圆中描黑,选择答案。有了这种信息,电脑就可以识别,为考生评卷并评分。

由于电脑不存在疲劳现象,因此不会因为劳累而出现失误。

有趣的是,电脑还会将考生填错、铅笔涂得太淡、橡皮擦得不干净的试卷以及漏答、多答的考卷剔出来,重新处理。

电脑不仅会阅卷,还可以把考生的分数准确地统计出来,并进行登记。每个考生都有自己的各科成绩,合起来就是总成绩。

以往的考生成绩,是通过信件通知考生。所以,许多考生为想知道

自己的成绩而心急如焚地等待。

现在，只要总成绩统计出来，考生便可以利用电话向电脑查询，甚至可以通过互联网在自己的电脑上查找自己的成绩，真是方便。

电脑阅卷，不仅不容易出错误，还解除了阅卷人繁重的劳动，而且迅速、快捷，并大大增加了透明度。每个考生不再怀疑阅卷人的失误而导致自己的分数不准。

 ## 监控

快速更替的电脑

利用电脑监控是企业现代科学管理的重要方法之一。许多超市商场、工厂车间、银行储蓄所等单位，用电脑进行 24 小时监控。

那么电脑怎样监控呢？

电脑监控实际上就是安放在房间中能够观察整个房屋的电子摄像机，把监控的所有情况输送到电脑。管理人员可以根据电脑记录进行观察、分析，并对生产和工作进行指挥与指导。

超市的电脑监控，既可观察工作人员的工作情况，又可以防止失窃。

近年来，许多城市的超市商场，通过电脑监控，抓获小偷。小偷在自选商场把货物藏在身上，岂不知空中的电脑立即就会发现，所以小偷只要走到商场门口，便立即被保安人员抓获。

银行和储蓄所采用电脑监控，可以观察工作人员的工作是否到位。在特殊情况下，诸如遇到抢劫或者不正常的取款，便可以通过电脑监控的存储材料，进行全面分析，使盗贼难逃法网。

有这样一个例子，在纽约国际机场检票口，当一名西装革履的青年戴着墨镜，风度翩翩地走到关卡时，电脑突然响起了"嘟嘟……"的警铃声。保安人员把他"请"到了办公室，剥掉他的伪装——墨镜和胡子，让

他观看电脑屏幕。这位青年万万没有想到。他的整个作案过程，全部被演示出来。因此，这个青年只得低头认罪。

原来，这个罪犯抢劫的凶恶嘴脸早被隐藏在银行内的电脑监控的摄像机拍摄下来，然后对电脑图像中罪犯的脸部进行二维像素矩阵模式处理。接着按矩阵代数法对其进行运算，由此测算出罪犯的眼睛、鼻子、嘴唇、耳朵和脸部肌肉的重要特征向量，并制成特征识别模板，存储在电脑中。这样，每位旅客经过摄像机时，其容貌都被输送到通缉犯的特征识别模板进行配对比较。尽管罪犯进行了伪装，还是逃脱不出电脑的识别。

北京曾经有一位制造假信件的骗子，通过伪造评选全国优秀人才的假信件骗取钱财。最后，正是根据他到银行取款时银行电脑监控留下的影像，公安机关将其抓获。

电脑监控运用的范围很广，在各个角落里大显神通。

医病

人们在日常生活中，生病是不可避免的，有病就要去看医生。但是，有些病不像皮肤长了一个疖子那么明显，而是潜在的病痛。因此，医生看病要颇费一番脑筋。

由于医务人员水平不一样，诊病效果就会不一样。就是同一水平，由于临床经验不同，诊病也会有差异。因此，人们总想找个好大夫看病。但是，全国闻名的大夫、专家能有多少？于是，人们便想到了电脑。

如果根据某一专家对某种疾病的医疗方案编制一套系统，便可以使一位专家变成多个专家，那么即使乡镇也可以有"名医"坐诊了，岂不是好事？

北京名医关幼波对肝病治疗很拿手，于是便研制了幼波肝病治疗专家系统，结果效果很好。河南省"移植"了一套系统，这样河南就多了

一名关幼波肝病治疗"名医"。那么，像这类的病，就可以就近请"专家"就诊了。这便是电脑医生。

那么，电脑医生有什么好处呢？

电脑"名医"，不仅不知疲倦，而且也不受环境的影响。医生治病，特别是名医，每天都要看许多病人，所以就难免疲劳，这样诊病就容易出现精力不足的现象，势必要影响诊病效果。

一位名医，往往会因为环境影响自己的情绪。例如，医生诊病前家里发生了不愉快的事情，诸如夫妻吵架、子女不听话等，都会使医生情绪不佳，影响诊病效果。另外，名医也免不了有一天要离开人间，这时便会连同自己的医疗技术一起带进坟墓。

如果把他的诊病知识用电脑存储下来，便是人类的一笔宝贵财富。

北京的幼波肝病治疗专家系统就是不怕疲劳、不受情绪影响的电脑医生。它把名医关幼波的诊疗程序、临床经验、思维方法、推理原则等，根据患者的不同病症，在 200 多种病症与化验指标和 170 多种药的基础上，让电脑从中选择合理的处方对症下药。

这种电脑能够填写病历卡、计算药价、填写病历表等。如果将病人的诊断数据输入电脑，在 15 秒钟之内，就可以开出处方。

20 世纪 90 年代，电脑医生进入了日本家庭，这给诊病带来了方便。

有的电脑家庭医生与马桶相连，主人大小便成分的变化给电脑医生提供了依据，可及时诊断出主人是否患了心脏病、肝病等。

电脑医生在世界上很受欢迎。相信，今后随着电脑的发展，电脑"名医"会进入百姓家中，为病人解除病痛。

城市

随着计算机的不断发展,人们对自己舒适的生活环境设计,也越来越现代化。现在,我们一起去看看日本设计的电脑城市。

日本在东京附近设计了一座电脑系统控制的小城市,这座小城市有 1000 户居民。每天将有 6000 人从其他地方到这里上班。

办公大楼自然是自动化的,一切通过电脑网络完成。在办公大楼某些层次,还辟有花园,供休息之用。

当工作人员结束一天的工作,准备回家了,就把自己的电码本拿出来,输入电脑。这时电脑系统就会马上把指令下到自己的家中。于是,家中的电脑控制的自动化设备便开始工作。这时,通过电脑向地下车库发出指令,自己的小轿车被送到车库电梯上,然后再以极快的速度上升到地面出口处。这样,便可以坐上轿车回家了。

在路上,不必为过马路的红绿灯烦恼,轿车上的电脑装置会根据要求自动停车和行车。因为交叉路口和轿车上都装有电子传感器,会自动识别信号。

也不必担心发生车祸。因为轿车上的电脑可以识别信息,在可能出现事故之前,就会自动刹车,或自动离开是非之地。

回到家里,室内的温度已经按要求调节好。冷热适度的洗澡水也准备好,可以通过洗浴消除一天的疲劳。

同时, 根据事先给定的指令, 电脑微波炉已经准备好了可口的饭菜,可以享用。

饭后要听音乐或者看电视,只要一按电钮,就可以如愿以偿。

如果想下棋,可以和电脑对弈,妻子和儿女可以根据自己的不同的

快速更替的电脑

爱好,在自己的房间里享受。

至于买菜打粮的事,可以事先由商店送来,洗碗、打扫卫生也都可以用电脑来控制,使用机器人完成。

这种城市,就是通过电脑技术,把住户、办公大楼、交通网络和所有的其他服务部门联成一个整体,一切由电脑控制。

尽管这种城市正在设计之中,相信在科技迅猛发展的今天,不久就会变成现实。

 ## 查询

每个人在工作中,都需要一定的资料,手头没有,就要查阅。

过去查阅资料,直接翻阅,往往要花费许多时间,还常常劳而无功。如果使用电脑,便会很快查出。

随着科学技术的不断发展,世界上的文字资料增长非常迅速。根据20世纪70年代的统计,世界图书就有7.7亿多万种。

每天出版的新书有1400余种,还有大量的报刊以及各种媒体的新闻报道。仅每天发表的各类文章,就有17000多篇。

根据报道,在20世纪70年代,大约十年资料总数就会翻一番。到了20世纪80年代,估计每隔五至七年就可能翻一番。

面对如此多的书籍杂志,通过翻阅查资料谈何容易!

有人计算了一下,如果一个30岁的医生不干工作,仅阅读一年内出版的医学文献,就要耗去40~50年的时间,简直等不到查到资料,生命就结束了。

科学技术发展到今天,面对浩瀚的各种资料,查阅就不是一件难事了。目前已经有了查阅各科资料的捷径,那便是电脑情报检索系统。

那么,怎样运用电脑检索呢?

电脑情报检索系统能够把文字表达的图书、报刊等文献资料,转换为电脑所能识别的符号,用事先编好的程序对所有的资料进行分类,再存储到电脑中。

如果要查找资料,只要在终端键盘上打入几个规定的符号,不一会儿,电脑就会将你所要的资料显示出来,如果需要,还可以打印出来。

有人统计,如果采用电脑进行资料搜索,1分钟可以检索1800篇文献,甚至更多。两个小时,便能查阅5个专业的全部资料。如此神速,还怕资料繁多吗?

现在我们还可以跟电脑直接对话,电脑可以把你所需要的材料显示或报告给你。

随着电脑网络的不断发展,可以把不同地区的文献收藏单位联在一起,组成全国性的联系系统。还可以通过电脑终端设备,对跨国度情报检索系统的科学技术文献进行检索。有些资料,一两分钟就可以查找完毕。近年来,互联网的广泛应用,使文献资料检索向全球发展,只要坐在电脑终端面前就可以查找到世界各地的文献资料。

救人

现在的电脑网络十分诱人,只要一上网,便可以了解世界各地的信息,同时也方便了自己的生活。

你可知道互联网救人的事迹?

事情发生在1997年4月26日。美国得克萨斯州东部城镇,一名12岁的男孩迈克尔·雷顿,正在家中兴致勃勃地玩电脑。当他进入互联网时,突然发现了一个呼救信号。求救者是芬兰一所大学的女大学生,20

岁,名字叫莱蒂娜。电脑屏幕接着显示出:"现在时间已经很晚了,我的哮喘病突然发作,不能动弹,请赶快救救我!"

小雷顿立刻悟到:她可能一个人在电脑房间工作,夜深人静,自己发病,又动弹不得,附近找不到救助的人,只得求助于互联网。

雷顿赶紧把发生的事情告诉了在另一房间中的妈妈。妈妈和儿子一起拨通了美国得克萨斯州警察局的电话,把事情告诉了警察局,请他们设法救助这位危难者。

警察得到了消息以后,立即与芬兰医疗急救中心进行了联系。

警察局与芬兰医疗急救中心联系时,雷顿和他的母亲始终守在电脑旁边,进行认真观察,并通过电脑了解远在芬兰求救者的个体方位、道路标记和房间号码等,把这些信息及时告诉警方。警察再把这些信息传到芬兰医疗急救中心,便于查找。

此时小雷顿通过互联网,鼓励大姐姐坚强起来,只要坚持住,就会有生命的曙光。

芬兰医疗急救中心根据迈克尔·雷顿和她母亲提供的信息,很快找到了莱蒂娜的家,及时抢救了这位危难者。

事后,芬兰报界和美国各大媒体都进行了全面报道,高度赞扬了迈克尔·雷顿和她母亲的救人善举。

这件事,使人们进一步认识到电脑上网的好处。这也是电脑互联网救助危难者的一曲凯歌。

 信息高速公路

信息高速公路建设的目标就是要建立四通八达的通信网络,把世界不同的国家和地区以及每个国家的地区和部门、单位、家庭都联结起

来，从而在家中就可以获得科学、文化、艺术等方面的资料，在家中存款、取款，在家中购物，在家中享受各种医疗保健服务，在家中听老师讲课，在家中营销等。

实际上网络就是信息高速公路上具有计算机、电话和电视等功能的多媒体"汽车"，高速地传送和交换各种各样的多媒体信息。

网络可以说是一个大世界，据 1998 年统计，Internet 网已经覆盖212 个国家和地区，登记的域名多达 650 多万个，拥有用户 1 亿多人。可以毫不夸张地说，要想更快地得到更多的信息，上网是最有效的办法。网上丰富的信息资源，可以供你欣赏，可以供你采用，也可以为你服务。它提供了人与人之间的交流工具。

网络信息发布

通过网络发布信息，是现代企业和营销主管最感兴趣的事情。因为只要通过网络便可以把自己的产品介绍给全世界，也可以把自己的需要告诉全世界。

那么，怎样通过网络发布信息呢？

任何一个企业，都可以申请一根专线，将企业联入网络，然后设置好自己的计算机服务器，这样便可以向世界发布各种文字、图像、声音及动画信息了。

作为企业来说，可以找一个网络服务商，交上一定的费用，这样就可以在服务商的主机上发布自己的信息。当然也可以在网络上为自己注册一个地址，这样，就可以随意发布自己的信息了。

电子函件的使用户，可以加入电子函件讨论组。这样，自己发送的函件便可以被讨论组的每个人收到。在使用网络发布信息时，只要在网

络主页的留言簿上用鼠标点一下,便会出现一个表格,你就可以填写要发布的信息,其他人就可以在留言簿上看到你发布的信息。

那么,通过网络发布信息有什么好处呢?

大家知道,传统的广告既花费企业大量的财力和精力,同时还受时空的限制,无法使更多的人了解。但是,使用网络发布信息,可以传遍全球,提供全天候服务。企业的主页可以随时供用户查询,向用户介绍企业的情况、经营情况,并让用户保存你的材料。这样,企业的新产品随时可以通过网络推广和宣传,而消费者也能及时获得最新信息,便于供需交流,促进产品营销。

通过网络发布信息,企业可以用图文并茂的方式提供产品的完整信息,并使企业和用户及时进行双向交流,正是如此,网络便具备了电视和印刷品的宣传效果,但是却减少了昂贵的广告费和材料成本。

如果在网络上开一家商店,店主就可以不受电视导购的介绍限制和时间限制,随时向客户发布信息,对客户进行 24 小时服务,而企业可以根据商店的货流量,及时进行供货。

当然,为了使网络信息得到更多人的了解,还要选择点击率高、著名的网址或节目发布网络信息,这样会对企业的营销更有效益。

远程医疗

远程医疗就是指利用现代通信手段,治疗远距离的病人。也就是说,患者不必到医疗中心或医院,就可以接受专家在远距离的诊治。

美国明尼苏达州一家诊所的医生,根据电视屏幕上显示的病人肝脏图像,就可以指导远在 2080 千米以外的同事进行手术操作,肝脏的图像是通过人造卫星通信系统传送的。

快速更替的电脑

美国一个妊娠不正常的农村妇女,在她家附近的一所农村诊所,通过信息高速公路,便可以将腹中的胎儿的图像传送到240千米以外的西雅图,让那里的医学专家为她胎儿做检查,从而可以免去长途跋涉请专家检查的旅途之苦。

华盛顿州一个军队医院的专家,在医院里就可以为一位驻索马里的士兵提出诊治他患皮疹的治疗方案,然后由地方医院的同行们为这位士兵进行治疗。这一切便是通过现代通信手段把病人的病情信息传来传去的结果。

那么,远程医疗是怎样发展起来的呢?

20世纪60年代,美国内布拉斯加州一位精神病医生,通过闭路电视为病人提供咨询服务,这便是远程医疗方式的雏形。20世纪70年代,航天事业飞速发展,而对宇航员空中飞行的保健监测,便使远程医疗有了进一步发展。在70年代,美国航空航天局曾经对一项服务于偏远的印第安人居住地的卫星医疗通信计划提供了资助。到80年代末,美国航空航天局又为亚美尼亚地震灾害架起了空间桥梁,使现场救助医生与美国医疗中心进行了通信联络,这便是远程医疗的早期轨迹。

随着信息技术的飞速发展,远程医疗可以大规模地开展起来,世界许多国家都在实施远程医疗。

那么,远程医疗有什么好处呢?

很显然,一些患者足不出户就可以得到专家的诊治,这自然省去了旅途之苦,也节省了大量开支。有些病人无法"出户",或者很难出户,例如孕妇、瘫痪病人、受伤严重者等,就可以得到及时医疗,使本来不可能外出诊治或者因为旅途延误诊治的病人获得及时治疗。

另外,作为医生来说,还可以通过现代通信系统对病人的情况进行商讨,提出各自的医疗方案,从而可以选取最佳方案。不仅如此,医生能

用桌上的电脑迅速获得某种疾病的最新治疗方法的文献资料，及时掌握先进的医疗方法。利用电子病史记录取代书面病史记录，甚至借助于电脑程序诊病、给药，对交流病人病史资料、诊治方案以及科学诊断、科学用药都具有极大的好处。

由此可见，远程医疗具有广阔的前景。

购物

目前，人们购物正在采用一种新的方式，那就是网络购物，你不必走到嘈杂拥挤的市场就可以买到自己所需要的东西。

你只要拥有电脑并且上网，便可以在家中电脑显示屏所展示的商品中，用鼠标选中你所需要的商品，然后输入你的信用卡号码，签上名字，就有人把商品送上门来。你看有多简单。

那么，网络购物有什么好处呢？

大家知道，现代人的生活节奏越来越快，也只有在快节奏中挣到钱，才能更好地消费。因此，人们不愿意把许多时间消磨在逛市场和购物中，这样便可以有更多的时间上班或者利用零星时间学习更多的东西，来提高自己的素质，或者自己去创造社会财富。

而网络商场琳琅满目的商品如同真实的商场一样，商家为了自己的生意，也讲求信誉，把不同的货物分门别类地陈列着，任你挑选，并且有商品简介供你参考。所以，你在网上只要几分钟便可以挑选完毕，用不着排队，更用不着因店员"看客下菜"而去看售货员的脸色，因为网络面前人人平等。

不仅如此，网上选购物品具有高效快速的效果，如果你漫步商场，或者在商场寻找自己适宜的商品，往往要花去许多时间，而网上的物品

快速更替的电脑

可以迅速显示给你。如果你在网上浏览几十分钟甚至十几分钟的商品，恐怕置身商场一天也浏览不完。特别是花费不了几个钱，便有人把你选购的货物送上门。有些商家为了提高营销额，还免费送货上门。有这种方便条件，又可以腾出时间干自己的事情，何乐而不为？

美国的网络购物十分普遍。据 1996 年统计，美国人通过互联网在线贸易额达 5.18 亿美元，2000 年达 65 亿美元之多，你看网络购物有着多么广阔的前景啊！

当然，有些商品不一定都能采用网上购物，例如你要买一套称心如意的西服，不仅要看布料、色泽，还要顾及到宽窄、大小。所以，像这样的商品，还是亲临市场，并试穿一下更为合适。不过，如果你的服装有了标准的尺码，同样也可以进行网上选购，还可以与商家在网上谈妥，多带几种颜色和尺码的服装，你在家中同样可以挑选合适的。

网上购物于商家于自己都很方便，是现代人利用信息高速公路为自己服务不可缺少的购物方法。

学校

如今，网上学校已经成为互联网中的平常事。国内外不少大、中学校采用网络教学，学员可以通过网络学到自己想学的知识。

那么，网络学校到底是怎样一种学校呢？

网络学校就是利用计算机网络进行教学的一种模式。这种教学模式的特点是，师生可以不在一起，同学与同学也可以不在一起，只要在网络上收看教师教学就可以了。

网络学校具有一般学校所不能比拟的优点。

首先，同学们可以根据自己的能力和意愿自主地学习、讨论和考

试。因为教材是精心组织的,学习时还可以有选择。如果你觉得这部分比较好理解,自然可以要求学快一些;反之便可以要求学慢一些。如果你对那一部分特别感兴趣,还可以要求提供附加资料,进一步研究和深造。网络学校还有自动的答疑系统,如果你有疑问可以请求答复,并会立即得到回应。

其次,教材不仅仅是文字和插图,还可以配上优美的声音、有启发性的动画和图像等多媒体信息,甚至可以采取虚拟现实的技术。例如,你学人体解剖,可以真的到血管和消化道里去走一趟,使学习情趣加浓。

再次,授课的教师都是比较有名望的甚至在某一领域中有所创新的富有经验的教师。这样的教师往往在一个国家里没有几个,能够与这样的教师进行交流,自然会受益匪浅。

1993 年,澳大利亚便开始建设各大学网站,到 1997 年,通过澳大利亚各大学的网站,一般用户可以了解学校情况,教师可直接与学生交流、答疑,并批改学生的作业。

在美国,目前已经有八十多所大学和数百所中学允许通过网络学校获得文凭。

我国海南省某校于 1997 年把清华大学搬进了自己的课堂,首批118 名学员通过网络读上了清华大学。

山东省青岛市则开通了"全通达的 101 远程教育网",为青岛市的中学生打开了一条通向北京重点中学——101 中学的方便之门。学生只要拥有电脑、电话和一台调制器,便可以在家中从网络上看到北京重点中学的教学实况。这等于说,把 101 中学的教师请到了自己家中作"家教",对提高学生的学习水平十分有利。

据报道,1997 年哈尔滨工业大学等高等学校有几名博士生利用网

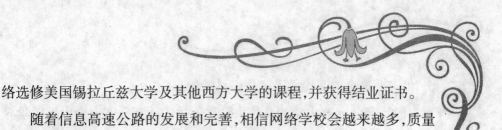

络选修美国锡拉丘兹大学及其他西方大学的课程,并获得结业证书。

随着信息高速公路的发展和完善,相信网络学校会越来越多,质量也会越办越好,它将是培养人才的一条重要渠道。

求医

在网上利用电子函件求医问药不仅费用低,收效也很好。

通常情况下打国际长途电话费用太高, 每分钟大约需要 12 美元,用寄信的方式时间太长,而且让天下人都知道询求的内容又很难做到,如果使用网络一页信息只需几元钱。

非洲的肯尼亚,有一位医科学生患有镰刀型红细胞贫血症,一时难以治愈。后来病情突然恶化,出现肾衰竭,需要做血液透析治疗。这种治疗方案需要使用稀释血液的药物,然而,这对镰刀型红细胞贫血症患者可能会有致命的影响,到底怎么办? 为他治病的布卡奇博士束手无策。于是这位博士把寻求治疗方案的紧急呼吁, 通过无线电信号发送到附近的一个卫星地面站。

几个小时后,地面站把信息发射到卫星生命组织的小型卫星上,这颗卫星每天飞越非洲上空四次。

几个小时又过去了,卫星进入美国波士顿的电子信号搜索范围,布卡奇博士的信件被传送到卫星生命组织的地面站, 地面站的工作人员又通过互联网,把信息传播到世界各地。

伦敦圣玛丽医院一位内科医生收到了这个电子函件, 而恰恰有这方面的经验。于是他很快作出答复:采用小剂量的血液稀释剂 Heprin 可以避免生命危险。

卫星生命组织一位工作人员通过电话把这一信息告诉了布卡奇博

士,他按照这个方案挽救了这位医科学生。

1995 年,北京大学的几位大学生通过国际互联网向全世界医学界发出了一封电子信函,大致意思是,一位女大学生,因患某种怪病而生命垂危,头发已经脱落,急需求诊,并把怪病的情况在信中作了详细描述。

信函发出十几天,他们通过电脑共收到 1000 多封电子信件,世界各地的专家们各抒己见,最后确认这位同学患的是罕见的铊中毒。根据专家的意见诊治,病情很快好转,新头发也长出来了。

由此可见,网络世界是人们共享信息财富的有效途径。目前全世界已有 100 多个国家、几千万用户加入了互联网。从上述事例不难看出,通过互联网求医,会得到世界各地医学专家的救助,真是足不出户,世界名医都来诊治。你看互联网有多神奇!

 ## 博览会

信息高速公路上的 Internet 计算机网络是一个大世界。我们已经知道在网上可以做许多事情,但是网络博览会恐怕还是很新鲜的事情。

那么,什么是网络博览会呢?

所谓网络博览会,就是所有展品的博览,都是通过网络进行的,没有真实的现场展厅,也没有现场观众,而展览却在真实地举行着。

1996 年 2 月 8 日在世界上首次举办了网上博览会,它是 Internet 多元广播公司总经理卡尔·马拉莫德呼吁举办的一个以"地球村"为主题的网络博览会,以便于企业产品展销,了解世界科技发展情况。

博览会设有几个展览厅。在"媒体的未来"展厅,展览的是未来媒体的发展情况和风貌;在"烤面包机网"展厅,则是什么东西都可以上网,

几乎是你想了解什么，都可以通过网络展厅显示出来；在"国际科技会议"展厅，任何有关科技会议，都可以在网上展出；在"小企业"展厅，介绍的是各个小企业和网络有关的地址；在"世界庆典"和"世界美食"展厅，展览的是全球各地的庆典活动和美食风味。所有这一切，只要通过网络就可以把所有资料传到博览会现场。参加展览的有政府机关、大小集团以及个人，只要和"地球村"主题有关的东西，都可以参加展览。参加这次展览会的国家和地区，有美国、英国、法国、荷兰、瑞典、新加坡、韩国和加拿大等 20 多个国家。一些大集团诸如 IBM、NCI、NBC 等也都参加了展览。

这次博览会的现场，出现在通过博览会网址的一个主页上，它是博览会的主要构架。所有展厅都出现在主页上，只要在家里坐在电脑前，就可以参观展览。

那么，网络博览会有什么好处呢？

很明显，它无需去搬动展品和布置展厅，这就省去了许多麻烦，另外，参观的人也无需到现场就可以看到想看的东西，这便省去了许多差旅费，并且参加的人数可以很多。这使个人可以了解到网络大世界带给现代人的生活影响和享受。

网络博览会虽然没有占用场地，却占据了十分庞大的网络空间。为了提高展出效果和接待更多的参展者和参观者，世界许多国家的网络都参与展览的网络通信，向观众提供了大规模的服务。相信，今后可以通过这样的博览会，为供方和需方提供更有益的交流。

快速更替的电脑

网上求贤

人才是一个国家发展的关键。政府机构需要人才、企业需要人才,科学文化事业的发展更需要人才。因此,求贤纳士便是每个国家、地区或集团摆在头等位置的大事。

过去招贤纳士需要发布布告,这种方式很难使人人都知道,甚至连人才自己也不知道。所以,有时候用人单位招不到人才,而人才有时也得不到任用,使人才大量浪费。

那么,有没有好的方法招聘人才呢?

信息高速公路网络的出现,使招贤纳士方便多了。

随着网络的普及,用人单位通过网络招聘人才,个人通过网络寻找满意的工作。

通过网络发布用人信息,不仅快捷、方便,而且可以存放相当长的时间,这样便可以在本地乃至全国、全球被查询。因为网络用户大都是受过教育的人,所以网上招聘人才命中率相当高。

中国有一个"网上人才市场",全国主要城市,诸如北京、上海、广州等许多用人单位招聘人才的信息,都通过网络发布。在网上你可以了解世界各地的劳务输出的最新情况,挑选最合适的人。而德才兼备的人才可以把自己的个人简历存放在网上,等待用人单位查询,一旦有的单位要用你,便可以进行商讨,满意了便可以去就任新职。

另一个网络是"泛华人圈求职"。这个网络,主要介绍你去中国和中国的香港、台湾等地区以及新加坡等地去工作。当你看到用人单位发布的信息,恰好与你的专业或爱好对口,便可以去任职,或许能找一份满意的工作。

还有一个网络是"金才网"，主要提供个人求职、企业求人和人才测评等服务。单位只要在网上发布用人信息，就可以等待贤士在网上商讨，并通过测评，判断这种人才是否符合这种工作。

另有一个网络是"香港地区求职"网，主要向你介绍香港招贤纳士情况，不仅香港的人可以去试一试，就是内地的人才也可以去大显身手。

网络求贤方便、快捷，用人单位可以很快选到人才，而人才也会有用武之地。有道是"天生我才必有用"，只要你是人才，便可以通过现代化的通信手段获取工作的机会。

由此可见，网络求贤对人才供求都十分有利。

艺术欣赏

在提倡素质教育的今天，有许多青少年从小就倾向艺术，这是提高人才总体素质的有效途径。那么，你是否想到网上去欣赏一下世界艺术家的作品，领略世界各种艺术的风貌呢？

有人把网上艺术称为网上艺术馆，这种称谓的确很贴切。只要你上网，就可以查找和领略网上丰富的艺术资源。

有一个 Art Indices 网，网址为 http://www.artindices.com，向用户提供艺术零售服务。用户可以在网上观看和欣赏不同的艺术作品，领略不同的艺术流派。如果你想买一幅油画或者某种雕刻，可以通过对比以后，买到称心如意的作品。这个网址还向你提供室内设计用的家具和其他摆设等。

在有的网址，不仅能欣赏到不同的艺术作品，还可以通过经纪人或者画廊与艺术家进行联系，如果艺术家愿意，你可以和他们直接交流意见，并提出你对艺术作品的要求。

Internet for the Fine Arts 网的网址为 http://www.fine-art. com，可以向你提供各种各样的艺术信息，诸如世界各地的艺术家、艺术组织、团体，以及他们的活动或出版物等。你可以根据这些信息，与他们联系或从网上了解他们的活动。Dotcom Gallery 网的网址是 http://www.dotcomgallery.com，它可以向从事数码艺术的人提供有关资料，诸如作品简介、作品展览，以及在网上进行意见交流等，网友可以在讨论中获得深刻的艺术体会。

网民通过"语言中的艺术"网址，可以查到世界几百名艺术家的有关资料和代表作，这对一个爱好艺术的青少年朋友来说，是必不可缺少的，因为搞某一方面的艺术而不了解某一艺术领域的艺术先辈和他们的作品，是很难想象的。

除此以外，网上艺术馆还可以让你欣赏世界艺术名城和它们的建筑风貌。这不仅是一种艺术享受，也为一个人提高艺术鉴赏力创造了有利的条件。

"巴黎博物馆纵览"的网址为 http://www.paris.org/. musees。在这个网址上，你可以看到世界最富艺术魅力的巴黎博物馆，从中可以享受各个时代著名艺术家的作品，提高自己的艺术鉴赏能力。

从"雅典古城"的网址上可以欣赏到世界著名的古城建筑，你仿佛置身于古代雅典的建筑花丛中，流连忘返，并为古代的建筑艺术所陶醉。

如果你是一个艺术爱好者，或者想欣赏艺术，那么请你上网并去寻找这些网址吧。

种菜

菜农每年经过辛苦劳动,将蔬菜供给城镇居民。但是,在日本东京,一家网络服务公司,却独出心裁,推出了一项前所未有的网络服务项目,就是网上种菜,真是使人有点瞠目结舌。

那么,网络怎么能种菜呢?

日本这家网络服务公司是这样做的:你只要支付1500日元的登记费和同样数额的"种苗费",就可以在"电子农园"中拥有一片"菜田"。

这样,你就可以在三个月内通过你的终端在"菜田"里种上自己所喜欢的西红柿、茄子、辣椒等无公害蔬菜。

加入"种菜"行列的电脑用户,每星期在自己的电脑屏幕上查看蔬菜的生长状况,画面上会自动出现诸如"浇水"、"除虫"等选择项目,提醒你在电脑上"劳作"。只要你作出选择,电脑就会自动为你代劳,网上的各种蔬菜就会继续生长。

虽然这是一种用不着亲临现场劳动的一种电子游戏,但是与普通玩电脑游戏不同的是,到了蔬菜的收获期,你真的会收到送上门来的一份新鲜蔬菜呢!

当然,收获也要看你是否勤快,如果勤于"浇水"、"施肥"、"除虫"、"除草"的话,就会收获到许多新鲜蔬菜,如果偷懒,菜苗将会枯萎,一无所获。从一定意义上说,网络种菜对鼓励勤奋劳动也是有意义的。

因此,这种"种菜"不能单纯从经济角度去看收获,更要看到这是一种了解种菜知识、提高劳动意识的有意义的活动。

作为真正的菜园也有利可图,一方面宣传和推广了无公害蔬菜,一方面为他们的蔬菜直销打开了销路。

快速更替的电脑

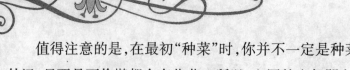

值得注意的是，在最初"种菜"时，你并不一定是种菜内行，即使门外汉，只要是不偷懒都会有收获。所以，上网的少年朋友不要认为自己对种菜一窍不通，便忽略这项游戏。

网上种菜特别适宜都市少年，如果你想获得一些农业技术，尝试"锄禾日当午"的体验，便可以加入到网络种菜中去，虽然它不是真实的农业种菜，但还是有一定的益处的。

如果你有这个兴致，就到网上过把"种菜"的瘾吧，恐怕你种上瘾来会接连不断地种下去，这对锻炼自己是有好处的。

 # 发表作品

传统的读书是在作品发表以后，读者通过印刷品的阅读，领略书中的要旨。例如，一部小说具有怎样的感染力，只有通过阅读出版的小说书刊才能知道。

随着信息高速公路的开通，人们无需去看印刷品，只要上网就可以阅读新书，人们称这种书籍为网络书籍。

那么，网络书籍有什么好处呢？

一部长篇小说在发表后的几天里，就可以被世界各地的青少年阅读，并不是通过传统的印刷品这一环节，而是网络传输的神奇效果。

一般来说，要发表大部头的作品，需要设立单独的网络地址，这样，全世界数千网络用户可直接在网上阅读，因为网络的面大，发表迅速快捷，全世界许多读者很快就可以阅读完毕。

法国的电脑工程师库波和杜柏格，从 1993 年开始创立了"全球珍本爱好协会"，把法国具有世界水平的文学作品输入网络，到 1996 年底，共输入包括莫泊桑、卢梭、司汤达等著名作家的作品 40 多部。据统

快速更替的电脑

计，每月有 1.5 万网络用户进入这一协会开办的"图书馆"，接受法国古典文学的熏陶。

因为网络的神奇作用，我国一些出版社也开始在网络上发布作品。1997 年 2 月，作家出版社和瀛海威信息通信公司合作，把一部叫作《钥匙》的长篇小说搬上网，世界各地的读者都能在网上读到这部 45 万字的描写"文革"后期的爱情小说，国内外许多读者都为这部感人的小说叫绝，并从中体会到人生的真谛。

如果要发表一些小文章，可不必单独设立网址，只要进入大网站附属的栏目中就可以了。例如上网者可进入"上海科教网"下设的各个校园网，在小栏目中发表，上海高达的《滩今夕》摄影集，就是在网络杂志《上海视窗》上发表的。

华人学者李永明，1992 年回国参加分子生物学学术会议，发现中国的分子生物学比较落后，回到美国便发起在美国从事分子生物学研究的 34 名学者通过网络著书。经过长达 4 年的函件合作，《实用分子生物学方法手册》终于与中国读者见面了。

有关专家指出，今后信息传播方式将以网络为主，网上图书是人们生活不可缺少的部分。中文书刊虽然以国内读者为主，但也要顾及海外华人的众多读者。如果采用网上读书，便可以满足全球华人和其他中文爱好者对中文作品的需求。这种方式既不用印刷，也省去了运费，何乐而不为？

169

网络多媒体

2001年网上炒翻天的Flash动画,就属雪村那首《东北人都是活雷锋》了。网上至少有5个以上的动画版本,最搞笑的莫过于恐龙版,最后唱到那句"翠花,上酸菜"时,一个笨拙的女野人出场,令老幼看客均能喷饭。这种动画传播形式,就是媒体的表现形式之一。所谓媒体,就是可把视觉、听觉等诸般感觉同时调动起来,从而让色香味全方位扑将下来的一种技术。

多媒体既然人气足,那在同一时间段内,它提供出来的信息也海量增长起来。如果网路不畅,那你就只能死等,有时等得都快翻白眼了,它忽然非常温婉善良地提醒你,线路断了或超时。这时,你若是懂点断点续传的技术也就罢了,要啥都不懂,那就只能发扬一下愚公下载精神喽。

为了改善上述这种令人怒火中烧的窝心局面,一方面如前文所说,人们通过改进网络的传输技术,使下载速度在飞跃中前进;另一方面,人们也将信息内容以一定的方法压缩起来,这样数据量就少很多,从而减少下载的时间。后者就好比同样从北京运10吨棉花到拉萨,要是就松松软软着装进车皮然后运走,那火车准长得能让铁路局局长头疼,可要是将棉花压紧了塞在每一节车皮里,那火车就短多了,到了拉萨,只要将压扁了的棉花全取出来再重新抖抖就可以了。

不过压缩信息可没压缩棉花这么简单,我们得根据信息的特征来

压缩。首先,得看一下信息里有哪些部分在时间或空间上是重复的。比如,网上一张唐朝的《簪花仕女图》图片中,背景有好多地方的颜色是一样的,或者是连续而均匀地变化着的,这样,它的背景空间的内容就可以压缩;或者网上一段瞎子阿炳的《二泉映月》音乐中,声音信号随时间变化也是有一定旋律的,这样,针对相似旋律就能对时间上不同的点进行压缩。其次,可以看一下信息在编码上是否有重复的。就拿《簪花仕女图》举例,由于年代久远,有很多地方它的色彩层次并不多,如果全部用32位二进制来对它进行编码(就是说,对每一个点,都要换算成32位的0和1,你想想你能不能背圆周率小数点后32位),那实在是太浪费了,所以就得根据实际情况,采用某种方法,来改变编码长度,比如改成16位或8位乃至4位。这样,编码长度一缩短,整个信息量也就减少了。最后,我们来看看信息在结构上有没有什么地方是重复的。回过头来再拿《二泉映月》来举例,组成主题的第三乐句里,一共有九处变化,但主要都是"重头换尾"手法,这种结构上的重复,就给压缩提供了千载难逢的机会。只要把其结构特征抽取出来编码,就能按照一定的算法,将所有具备类似特征的地方全折叠起来。上述三种方法,是数据压缩技术的基本思想,实际运用中还会有各种机巧别致的变化,但万变不离其宗,多媒体的压缩方针就是:在尽可能保留信息内容的前提下,去掉重复数据记录,成百上千倍地减少数据量,从而使多媒体通信网络的实际应用成为可能。

下面将着重介绍几种互联网上常见的图像压缩格式,这些格式一般都以英文缩写字母,作为存储的后缀名标志出来,什么 BMP、GIF、JPEG、TIFF、PNG 等,看完下面这段内容,再见到这些符号就没什么好怕了。去跟它们打个招呼吧,时代不同了,没钱也能让鬼帮你推磨,只要懂鬼话就行了。

BMP

最古老的一种格式，其存活史之久远，类似于自然界里的蟑螂。不信你可以自己去看：只要有微软 Windows 的地方，它的附件"画笔"里就有 BMP。BMP 文件几乎不压缩，占用磁盘空间较大，颜色存储格式有 1 位、4 位、8 位及 24 位。虽然它看起来傻头傻脑，但实际上这种格式最不容易出问题。越简单往往越可靠，这是放之四海皆准的大道理。

GIF

GIF 在网上的知名程度不亚于那个什么还珠格格小燕子。它的全名是 "图形交换格式"(Graphics Interchange Format)，存储格式由 1 位到 8 位。早期用来制作二维动画。但是 8 位实在是太小了，这使得它不能存储超过 256 色的图像。为什么会这样呢？我们来算一下就知道了：在数字式存储单元中，每一个位上只能有两种变化，不是 0 就是 1，那么当演技是 2 位时，变化共有"00、01、10、11"四种变化，即 2^2，如果演技为 3 位，则变化有"000、001、010、011、100、101、110、111"共 8 种，即 2^3。如此依次归纳下去，可知当小燕子来到时，我们掐指一算，便明白她的演技变化共会有 $2^8=256$。但是，一旦图片颜色层次丰富上去，这 8 位演技就够不上啦。不过呢，目前因特网上对图形的分辨精度还不需很高，再加上人们主要用 GIF 来制作些可以做些小动作小表情的图标，所以 GIF 格式还是很受大家欢迎的。

JPEG

这个格式最拿手的就是压缩比例，要压多少它就能给你缩多少，跟上海男人一样没一点脾气。它的全称是 "联合摄影专家组(Joint Photographic Experts Group)。不过，它压缩时会对图像精度有所损害，当然，一般情况下，在 Internet 上这点损害是看不出来的，现在网上大多数的图片都采取这种格式存储。

JPEG 2000

这是以往 JPEG 格式的一个升级版。我们知道,任何压缩技术都会造成信息损失,当这种损失在我们接受范围内时,我们称之为无损压缩。JPEG 2000 就是一种无损压缩技术,它能进行遥感图像、X 光片、文物照片等高精度图片处理,而且它稳定性好,抗干扰强,易于操作。另外,JPEG 2000 能实现渐进传输,就是说,当你下载一张巨幅美女海报时,你马上可以先看到这个美女的身段到底是胖还是瘦,肤色是白还是黑,脸轮廓是长还是短,这样,虽然你还没见她的种种细节,但你已经能判断出她是不是你喜欢的那种"美眉"了,要是不对胃口,赶紧关闭;要是喜欢,就继续下载。下载完毕后,你想把她存储到你的硬盘里,但你发现她的眼睫毛特别好,又长又密跟两把扫把一样,那么,你可以把你感兴趣的眼睫毛部分,几乎不压缩地保存下来,而其余地方则采取较高的压缩比例。这样,下次你再次打开这个文件去欣赏那两把扫把时,你照样能把上面的睫毛给一根根地数个一清二楚。

PCX

这种格式没什么全称,它是 Windows"画笔"软件的又一种古老的格式,能从 1 位存储到 24 位,由于它又能压缩又能显示非常丰富的色彩,所以直到现在还相当流行。

TGA

它的全称叫"标签图形"(Tagged Graphics),结构比较简单,能在图形和图像数据之间通用,它也能进行无损压缩,但这也可能会导致它存取速度慢下来。现在它是计算机生成图像向电视转换的一种首选格式。

PSD

这个格式,会使用 Photoshop 软件的电脑画家们都知道,它的存取速度比其他格式快很多,而且除可以将画面存储下来外,它还能把画面

173

修改过程中添加的其他信息，诸如图层、通道、遮罩等许多设计草稿也一并存下来。这样，你一次修改不够，累了倒下睡过之后，第二天开机还能继续昨天的活干下去。

TIFF

"标签图像文件格式"(Tagged Image File Format)是苹果机上广泛使用的图形格式，苹果机和我们通常见的 PC 机最大的不同就是价格奇贵：理由是它显示颜色精度奇高。目前，许多三维贴图都是用 TIFF 格式压缩的，其最高位数能达 32 位。它也是一种无损压缩方案。

PNG

它的全称是"轻便网络图形"(Portable Network Graphics)，当前网上刚刚新兴起来，它结合了 GIF 和 JPEG 的优点，最大位数达 48 位。

另外，还有其他许多格式，像什么 EPS、PIC、RLE、CDR、EMF、IFF 等，反正平时用不着它们，所以也不必记那么多，到时候要是碰上了，我们再慢慢了解它们也不迟。

上面说的各类格式，都是一种形式的图形，叫作"栅格图形"(Raster Graphics)。栅格一词很形象地说出了这种位图文件的特征：在一个平面上，按照不同精度划分出不同间距的格子，每一个格子就是一个像素(pixel)，打个比方，就好像是一张围棋的棋盘，上面每一个方块都是一个像素。每一个像素都有它自己的横坐标记录与纵坐标记录(坐标原点一般是屏幕左上角的那个顶点)，以及像素里面填的颜色信息的记录。这样，当无数个像素填满所有位置时，远远看去，一张图片就出来了。要是我们不断放大这张图片，那么栅格就会慢慢变大，到最后栅格边缘本身也放大到看得见了，这时，轮廓线啊色块啊就会出现"马赛克"。我们在电视画面里，经常可以看到这种"马赛克"，罩在一些犯罪嫌疑人的面孔上。

快速更替的电脑

　　栅格最普通的形状是正方形,也有三角形或六边形的,当计算机要存储它们时,如果不压缩,那就得一个栅格一个栅格全按它们原来的位置全记录到数据库里,一个都不能少。如果要压缩,那就得事先规定好精度,然后按照不同的压缩算法,将之存储下来。例如,行程码算法是利用了许多数组具有大量均匀区域的事实,如果画面上有一段水平距离里的颜色全是一模一样的,那么在连续记录时,它把这一行第一个栅格的横坐标、纵坐标、颜色属性值数据记录下来,后面就只记录这水平段里具有相同颜色属性值数据的单元数。不过,这种方法的有效性随数组本身的情况而异。

　　人们在压缩比例上绞尽脑汁,但栅格图形本身一个萝卜一个坑的特征,决定了它在压缩能力上的局限。人挪活,树挪死,栅格图形不行,人们便对"矢量图形"(Vector Graphic)打起了主意。

　　在矢量图形中,铁打棋盘一样的固定坐标系就没有了,而是换之以用点、线、面之间的拓扑结构来描述图形。它的特点:一是文件大小只和图形复杂程度有关,与图形的具体尺寸无关;二是图形的显示尺寸可以无级缩放,变化后不影响图形的质量。

　　如此这般,基于矢量技术的 SVG 压缩格式出现了。

　　SVG 是 Scalable Vector Graphics 的首字母缩写,含义是"可缩放矢量图形"。它也是在 Xml 语言下开发出来的,并被万维网联盟(W3C)大力支持。矢量图形也称为面向对象的图像,在数学上定义为一系列由线连接的点。其图形元素都是一个个自成一体的实体,具有颜色、形状、轮廓、大小和屏幕位置等属性,多次移动和改变它的属性,清晰度和弯曲度及其他元素都可保持不变。所以,它可以按最高分辨率显示到输出设备上。用它可以设计出高分辨率的 Web 图形页面,什么渐变、嵌入字体、透明效果、滤镜效果、动画真是一应俱全,并可插入到 Html 语言中。由

快速更替的电脑

于它是一种开放标准，不隶属于任何公司，属于自由软件世界里的一员，所以它迅速赢得了许多公司的支持。现在，SVG 格式的优势日益明显，相比之下，GIF 和 JPEG 就显得有些体力不支了。

SVG 的优势在于：①无级放大，充分满足大家探索奥秘或窥视隐秘的乐趣；②保留文字可编辑状态，而且没有字体限制，大家可以随时改动文字格式，爱怎么来就怎么来；③一般而论，SVG 文件要比 JPEG 或 GIF 文件小很多，除非图形复杂得像古代官场里的人际关系；④永不出现"马赛克"，随便你用什么分辨率，打印出来的光滑效果，都可与朵尔胶囊里女子的皮肤有一拼；⑤提供多达 1600 万种以上的颜色，相比之下，毕加索、达利、夏加尔他们的调色板算是没戏了；⑥动态交互性强大，能在图片制作过程中，对用户做出声音、动画等各类反应。

矢量图形既然有那么大的优势，各路软件开发商岂会错过这块肥肉？互联网刚起步时，静态的页面上能有几张来回运动的 GIF 小图片，已经算是对得起在网上起早摸黑的众多网虫了。后来，Java 技术异军突起，这是一种编程语言，能够根据对象的特征进行共性归类，并把归类后的心得体会封装起来，从而在描述对象时能用提取公因式的方法，达到较好的效果。这样，互联网上动画传播的速度就加快了，于是，曾几何时，懂点 Java 语言编程的人，简直就是超级巨虾。但好景不长，基于矢量的动画制作软件 Flash 出现了，它不需要你懂编程，只要你会用鼠标点东西，并且多少有点艺术细胞，马上就能成为制作动画的高手。Flash 的最大优点就是，能用很小的数据量，完成很精彩的动画，而这正是慢一拍的互联网所需要的特色，另外，我们在下载 Flash 文件时，不必非等全下载了才能看，而是随时可以看，只要你看的部分已下载就可以了。

因此在我国，一大批爱好 Flash 动画制作的网虫钻了出来，他们人数之多，估计仅次于网络文学青年，这些人里有些已成了顶尖高手，人

们给他们一个称号："闪客"。闪客们常出没的网站有"闪客帝国"、"闪盟在线"、"Showgood 三国"等，可以说，将来的 DIY(Do It Yourself，自己动手做)电影制作高手，说不定将从他们这个群体中诞生，而张艺谋、陈凯歌或塔科夫斯基之类的导演以及巩俐、屈伏塔、北野武之类的演员，在几十年后的人类网络电影上根本就没有立足之地。

Flash 毕竟还是动画类的，比较务实并缺乏想象力的一些保守人士，仍旧热衷于影像传播。那么，我们再来看看动态视频方面的技术。现在，大街上 MP3 播放机泛滥得仅次于手机了，时尚青年们都爱把这小小一银壳子别裤带上或揣兜里，然后将耳机塞耳洞里抖呀抖地欣赏着乐曲，顺便瞄两眼液晶显示屏上的歌词，一副很酷的样子。

MP3 其实是 MPEG 的一个音频压缩标准，属于大巫里的小巫而已。因此，我们不妨顺藤摸瓜地去摸一摸，看看上面那个叫 MPEG 的到底是个什么东西。

MPEG 的全称是"动态图像专家组"(Moving Pictures Experts Group)，目前共有 4 个版本，其中前两个版本 MPEG-1 和 MPEG-2 应用较广，MPEG-4 最近才火暴起来，而 MPEG-7 则是它的未来版。MPEG-1 标准是针对速率 10MB 以下的多媒体设计的，主要用于在 CD-ROM 上存储彩色同步视频图像，每秒可播放 30 帧画面，具备 CD(指激光唱盘)音质。同时，它还被用于视频点播等方面，一部 2 小时长的电影，经它处理后就只有 1.2GB 左右了，网上不少电影下载用的都是这种压缩格式，外面各种 VCD 不管正版还是盗版，十有八九也是用这种格式进行压缩的。

MPEG-2 标准是针对速率 10MB 以下的压缩技术，它在 MPEG-1 的基础上，实现了低码率和多声道扩展，可将上面那部 2 小时长的电影压缩到 4~8GB，并能达到通常所说的 DVD 品质，播放时如果你家音响设备齐全的话，它能提供左中右及两个环绕声道、一个加重低音声道和

7个伴音声道。另外，MPEG-2还可提供广播级的数字视频，当然这需要你去购买一台数字电视，要是你住的地方还没开通数字视频千万别去买。

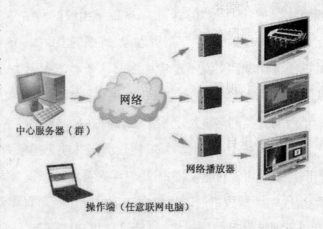

中心服务器（群）

网络

网络播放器

操作端（任意联网电脑）

MPEG-3本来是用作数字电视压缩标准的，但由于MPEG-2实在太厉害了，使得MPEG-3实际上并未制定，刚才提及的MP3机，用的就是这个标准里第三层音频方面的一些规范。

MPEG-4引入了AV对象(Audio/Visual Objects)，这个对象可以是个女孩子，也可以是一束新鲜的狗尾巴花，或是什么蓝调背景音乐等。它把AV对象作为视听觉的组合内容，然后拿去生成其他复合的AV对象及AV场景，还允许用户在AV场景中，对AV对象进行交互操作，比如可以将那束新鲜的狗尾巴花移给那个女孩子，看看她会有什么反应。这种交互能力使得MPEG-4能够在Internet视频服务及可视游戏上大显身手。另外，那部120分钟的电影经它压缩后，能成为只有300MB左右大小，而且具备的是DVD品质。当然，有得必有失，它的压缩算法损失比较大，其图像质量是无法和MPEG-2相比的。

今后的MPEG-7将提高在搜索方面的功能，从而在多媒体技术开发方面发挥更火暴的作用。要知道多媒体也是需要数据库的，比如你脑子里忽然飘过一段乐曲的旋律，可你死活都想不起来它是哪部作品里的，作曲家是谁时，你就需要多媒体数据库到网上查找：你可以对着电

脑上语音输入端将你记得的那点旋律哼出来,走音了也没关系,数据库会拿你哼的那段东西作为"示例",返回到库里去搜索。

"示例"是多媒体查询方法里的一种,它可以分为文本示例、图像示例、声音示例、视频示例等几个方面,刚才举的那个让你哼哼的例子,就是声音示例。

查询结果自然也是多媒体混合的,比如当你的电脑查出你哼哼的那段旋律是挪威作曲家格里格的作品《皮尔·金特》里的插曲后,它即给出比较低层的结果,比如这段旋律的正确录音、相应的乐理分析、作曲家介绍、插曲名称"索尔维格之歌"的来历等,也可以给出较高层的结果,比如整部歌剧作品的演出录像、作曲家传记、易卜生原著(英文/挪威文)。这些结果的混合编排显示,需要信息在数据库里按脚本组织起来,如果电脑将来更智能化一些,它还能将以上这些材料自动剪辑成一部纪录片似的多媒体材料,有条不紊地将北欧那冰雪中的故事向你娓娓道来。

等将来依托多媒体技术使互联网上的"赛博空间"(Cyber Space)成熟起来后,会有越来越多的人沉浸在这种人造的世界中,那将是个类似于电影《人工智能》的世界,由此引发的各种社会问题无疑也会让社会学家们疲于奔命。最常见症状之一就是,一个青年宁愿在虚拟世界里和一个自己构造出来的水星女郎恋爱、结婚生子,以至于白头偕老,也不愿在我们这个现实世界里去和异性结合。当初柏拉图为了实现他远离肉体缠绵的精神恋爱,不知花费了多少心思,没想到地球绕着太阳转过几千圈后,突然之间人类就会把玩虚拟爱情了。

黑客与黑手

话说 2001 年度最大的恐怖事件在美国发生后，德国黑客吉姆·史密茨显出他神勇小白鼠的真面目，他悬赏 1000 万美元捉拿本·拉登，虽然他收到了不少恐吓信，但仍不为所动。在悬赏页面上，拉登的脸被处理成了无头巾无胡须的式样，乍一看有点土豆色拉的感觉。很快，世界各地的黑客纷纷提供了各式各样的线索，在这些线索中，他发现苏丹 Alshaml 银行里可能有拉登的存款，于是史密茨的这个黑客组织对 Alshaml 银行电脑系统发动了一轮猛攻，他们干掉了苏丹人的防火墙，闯入银行内部网络，成功窃取了超级管理员的账号，然后搜集到了本·拉登及其恐怖组织的存款记录……最后，史密茨还学绿林好汉的模样，给 Alshaml 银行的网络管理员去了封 mail，内容大意是："苏丹 Sha mai. 银行小甜甜，俺已黑了你的银行，并查到了一些有关拉登的信息，现在，这些信息已交给笨头笨脑的 FBI 了。嘿嘿！感谢你们的豆腐脑防火墙，祝愉快。史密茨。"

美国 FBI 则以一贯模棱两可的态度，对此事不发表任何评论。

史密茨现年 27 岁，曾被誉为天才少年黑客，现在他投入到信息安全方面，并轻而易举成为亿万巨富。他制订了一个"e 的十条法则"，语言精练而粗野，其中的第 9 条直接翻译过来的意思就是"你敢撒谎，你这混蛋"。

显然，史密茨是很符合大众(尤其是青少年)审美需求的，他就像一

个武林高手,能于万人中取敌将头颅如探囊,可以说,他就是 Internet 上的郭靖或乔峰。不过,并非个个黑客都像他一般行侠仗义,也有总干些伤天害理之事的人,黑客们对这些败类也很恼火,就管他们叫骇客。

那么,黑客和骇客的区别在哪里呢?

首先两者英文的拼法不一样,黑客是"Hacker",有"开辟新天地"的含义;骇客是"Cracker",意指"毁灭性的爆裂"。

其次,两者的行为也不一样,黑客侵入他人电脑系统后,只留下安全警告,提醒别人如何改进防范措施,或者弄些无伤大雅的恶作剧;骇客却会在里面撒野,盗取信息,破坏系统,反正怎么缺德怎么来。

还有,两者使用的工具也不一样,黑客大多自己编制程序,类似于独门兵器;但大多数的骇客却懒得动脑筋,只喜欢用些现成的程序去攻击,很像韦小宝捡把石灰就扔的架势。

最后,黑客大多有自己的伦理观,他们乐意拿自己的成果与别人分享,追求技术的无限自由,但骇客主要盯着权力、金钱,或是为满足自己的破坏欲望。

当年,黑客文化的倡导者之一李维,曾给出过一个"黑客道德准则"(the Hacker Ethic)。这些准则很像网上的"七不"风格,它们包括:不限制对计算机的使用、不对信息收费、不相信权威、不附随集权主义、不被计算机压抑住艺术创造力、不在计算机上迷失对美的追求、不让计算机把你的生活弄糟。

早期黑客主要围绕打电话怎么不付钱而绞尽脑汁,但随着互联网的茁壮成长,黑客也陆续转移到了这片虚拟大陆上,他们和集中营式形象的大型计算机公司(比如 IBM)完全不同。你能在旧汽车房、地窖、猪肉仓库里找到这些不修边幅的高智商嬉皮士,他们根本无所谓名利,只知道向自己的智力极限挑战,13 岁的比尔·盖茨等人也曾加入黑客行列

快速更替的电脑

中，为此盖茨还被迫远离了计算机一年。

但黑客骨子里的反叛精神一旦失去了准头，犯起案子来就会一发不可收拾了。西德黑客赫斯，伙同其余几个变了质的黑客，在德国的电脑终端前不断闯入美国军方的一些网站，窃取情报卖给苏联情报机构以换取马克。1987年，一名叫斯多的网络管理员经过长达几月的守株待兔，并炮制了不少星球大战的计划书作诱饵，终于捕获到了赫斯的上网电话号码，警方才将赫斯等人一一抓获。

接下来的黑客犯罪事件就是震惊全球的莫里斯蠕虫病毒案。类似蠕虫模样的程序最早出现在阿帕(ARPA)网上，当时那群科学家编制了爬虫、吃爬虫的虫、吸血虫等各式各样的虫虫程序，它们可以检查网络中的故障、优化空间资源或做些无聊的傻事，但蠕虫也可能发神经病，有一次它们将整个系统全弄瘫痪了，害得这些自讨苦吃的科学家手忙脚乱了好一阵子，最后通过疫苗程序才解决了问题。

莫里斯的父亲也是个顶级电脑安全专家，他曾在和同事们的一场私下的程序大战中，以自己那个精简实用的程序击败了其他所有的程序而荣获冠军——这行为颇像一群人在斗蛐蛐，只有训练出能识别对方弱点并一举歼灭对方的蛐蛐，才是状元。在这样的环境下，莫里斯从小耳濡目染了计算机知识，等他上大学时，学校里的计算机房已成了他经常搞恶作剧的乐园。读研究生时，莫里斯发现了Unix操作系统的一个天大漏洞，他兴奋地在屋子里疯狂地打转，好不容易才在同样智商奇高的好友保罗劝告下镇静下来。此时莫里斯心里已经有了一个大胆的计划：他要设计一个病毒，当它从Unix的漏洞处侵入进去后，它会寻找自己的同伴，如果找到的话，它就停止自我复制及传播，这样，病毒的数量就能在复制和销毁间达到平衡。但莫里斯又想到，操作系统的管理员可不是傻蛋，他肯定会编制一个伪病毒，使真正的病毒误以为那就是同

伴,结果白白自杀。为了躲过这种必杀之技,莫里斯设计了有能力进行相互交谈,并最后会以扔硬币的方式决定谁更有资格活下去的病毒,这样,具备理性的蠕虫就能以随机的方式,将自己繁殖的命运牢牢掌握在自己手中了。1988 年 11 月 2 日晚,莫里斯将蠕虫发到了网上。

弥天大祸就这么由一个电脑安全专家的儿子闯下来了。

然而莫里斯却犯了个低级错误,他把复制参数给调得太高了,这相当于把计划生育的指标从只生一个好调高到了生七千个才好。更糟糕的是,病毒根本不具有莫里斯想象的理性思维,它们全是些自我中心主义者,两个病毒一碰头,根本就没什么对话可言,而是各自昂头宣布自己有足够的理由活下去。幸好,加州伯克利分校一个绝顶聪明的小组,在奋斗了好些时候之后才将病毒给控制住了。

最后,经过法庭审判,莫里斯被判处 3 年缓刑和 1 万美元的罚款,以及 400 小时的公益劳动。

黑客史上最声名显赫也最出邪的,要数下一位出场者:现年 37 岁的凯文·米特尼克,其纵横虚拟江湖长达 15 年,累计血债有 3 亿美元,后来,银铛入狱的米特尼克仍被警方监视着,不准他触摸电脑,连用鼻子蹭一下鼠标都不行。

米特尼克生于美国洛杉矶,从小就对电话这类能体现智商的玩具特别感兴趣。16 岁时他就能破译他人电话密码,以盗打别人的电话获得邪异的乐趣。自从他沾着电脑后,简直就是撒旦碰了潘多拉的魔匣。就像鱼天生就会游泳一样,米特尼克天生就能在源代码里畅游,他自学所有计算机知识并到处使坏,终于在 18 岁那年因搭档列尼告密而被捕。出狱后他转入地下活动,美国 FBI 当局派遣了天兵天将,将整个地球当花果山一般给围了个风雨不透,但狡猾的猴子依旧逍遥法外。直到 1995 年,米特尼克不看对方山头,把一个叫下村勉的计算机专家的电脑也给

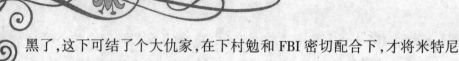

黑了,这下可结了个大仇家,在下村勉和 FBI 密切配合下,才将米特尼克抓获。

米特尼克的长相绝对不算是好看的,虚胖,松弛,笨拙,但他的精神世界却与电脑紧密相连,他并不是为钱而犯罪,纯粹是为了释放智力聚集起来的能量,这种犯罪具有一种宗教性的智力崇拜特征,为了这种宗教情结他可以无视其他一切。而抓他的下村勉,精瘦,紧凑,灵敏,是圣地亚哥超级计算机中心的大腕儿,他通过米特尼克在电脑上留下的蛛丝马迹,分析出对方大致躲藏的物理位置。

分析出米特尼克大致方位后,为锁定目标,下村勉还得离开电脑走到户外。为了不让猎物发现异常情况,搜捕小组将车上的搜索天线藏在长长的荧光灯壳子里面,然后在街区里逼近猎物,当下村勉终于认定一幢房子肯定是米特尼克的时,他心态复杂地回去了。

两天以后,警察冲了进去……

当浑身镣铐丁当响的米特尼克第一次在法庭上碰到下村勉时,他说:"你好啊下村勉,我佩服你的本事。"

下村勉静静地点点头。

古龙要是见了那场面,准会文思如泉涌。

有趣的是,老外也有回头浪子报告团这样的思路。米特尼克出狱后,一些著名公司探头探脑地寻上门来,哭着闹着要请米特尼克给他们上些现身说法的课。米特尼克可高兴了,他打扮得山青水绿,往台上这么一站,就开始了黑客布道。

米特尼克认为,黑客之所以能黑来黑去如入无人之境,主要是与黑客打交道的人太经不住花言巧语了。像米特尼克,还有他的一些同伙都深谙此道,电话那头善良的公司员工,大多没一会儿就漏出了口令之类的重要信息。这活儿在黑客圈子里,叫作"社会工程学"(很接近于我们

的"公共关系学")。所以，除了粉碎机和钉上鞋钉的皮鞋底以外，其他一切销毁纸张或磁盘的方法，都是不安全的。

接下来闪亮登场的这位黑客在美国人不知其人真面目之前，被称为美国一号公敌。

1994年4月15日的一个晚上，来自空军特别调查组的六条美国汉子如临大敌地呆在空军基地电脑房里，等着那个最近常来此处翻捡东西的黑客，他们怀疑那准是个什么国外间谍组织，是专门来盗取情报资料的。

在第二周的最后一个晚上，被这六条汉子弄得已是一片狼藉的房间里终于有了些轻松气氛，那个绰号叫"数据流"的家伙上线了。

当数据流用五角大楼高级用户的口令登录时，他们悄悄盯住了他。他们故意让他删除文件、拷贝秘密信息甚至是毁灭整个系统，在数据流一份一份察看这些伪装得跟真的一样的秘密文档时，六条汉子以猎狗般的敏锐嗅觉，在网上拼命扒拉，企图挖出数据流所在的地点。然而他们还是徒劳无功。数据流太酷了，他在发动攻击时老是跳来蹦去，什么南非、墨西哥、欧洲他哪儿都能去，你根本吃不准他老家在哪里。

没一会儿数据流离开了五角大楼系统。六条汉子连忙检查他的下一个进攻目标，很幸运，他们找到了数据流正在企图进入设在朝鲜半岛的核工厂。

这是非常可怕的一件事，因为当时美国正和朝鲜就核武器在纠缠不清。万一闹出误会这可不是玩的，经过几小时的奋斗，终于发现他的目标只是针对韩国，这回大家才松了口气。可怒气还没打发掉呢，多危险的事啊。于是，数据流的"美国头号公敌"美誉就这么来了。

令美国人更头疼的地方在于，数据流并不是单干的个体户，他有个死党，绰号叫"Kuji"，在每场战斗中的角色类似于梁红玉，每当数据流在前方攻城拔寨失利时，Kuji就狂敲E-mail之鼓，唤数据流回来，而数据

快速更替的电脑

185

流每次也遵从鸣金收兵的号令,两人配合得非常默契。

要抓数据流实在太困难了。六条汉子使用的是一种叫"fingering"的程序,可以侦查每一台数据流攻击时当踏板使唤的电脑,他们利用互联网上电脑联通时必会留下的一些少得可怜的地址,顺藤摸瓜着想跟踪上数据流的行动路径。但是在互联网上流动的数据流实在是太猛了,他们总是被冲个七荤八素啥都找不到,再说,黑客的行动路径通常总是故意弄得又长又绕,使得跟踪者很难跟到终点。

还好,六条汉子在网上也安排了不少线人,这些线人中的一位立了大功:他发现数据流的一个网上据点是在西雅图,而且这名黑客特别爱和人用 E-mail 闲扯,看上去傻兮兮的。最后,这个线人还得到了数据流家里的电话号码,以及他老家的位置:在英国北郊的一个穷山恶水之处。

六条汉子立即和苏格兰联系要求协助破案,很快,他们查出这名黑客首先是拨通哥伦比亚首都波哥大的电话,然后从那儿用免费电话线路对敏感的军事网址发动攻击。

1994 年 5 月 12 日晚上 8 点,在数据流上网干黑活的时候,侦探们已经到了他的住所附近,接下来的场景非常类似警察抓犯罪嫌疑人的戏。八九名警察一拥而入,猫腰哈到阁楼上,一下子就逮到了数据流:他正在键盘上疯狂击键。当看到警察时,他像一条抽了脊梁骨的癞皮狗般地瘫软在地。

毕竟,他理查德·普里斯,当时才 16 岁。

但老狐狸 Kuji 还是没有逮捕归案,他太狡猾了,从不在网上做过多停留,没人知道他的身份和来历,也没人知道他要这些机密情报的动机。

两年过去了,真是天可怜见,在全部打印出来能装满 40 个文件柜子的硬盘信息中,一位叫莫里斯的大侦探费了 3 个星期,终于找到了他想

要的东西在某个 DOS 路径下，他看到了 Kuji 的电话号码。

1996 年 6 月 21 日，在威尔士的加的夫，21 岁的贝文终于被警方钓着，事后贝文抱怨，要是数据流不这么粗心大意，他 Kuji 肯定能永远逍遥下去。不过美国军方却气炸肺了。这个 Kuji 不过是个对 UFO 特别着迷的 fan，浑身上下没有一丁半点的职业间谍精神。

对数据流来说，在网上干黑活只不过是种游戏，他着迷于探索那些看上去神秘兮兮的站点，并以此而自豪。他最成功的一次攻击是针对罗马实验室的，他先用一个谁都可以进去的 guest 口令访问，然后轻松获得低级安全准入口令，在系统里面他大闹天宫，用每秒五万个单词的数据泥石流去轰炸别人的密码文件，以期让它彻底垮台。他说他这么做是由于这个实验室里老是会有不少新鲜玩意儿，他读了有关 UFO 的材料，还进入了 NASA 的地盘。

最好玩的是，这两个黑客的头次碰面，竟然和米特尼克与下村勉一样，也是在法庭上。Kuji 事后回忆道："当时我进去时，他正背对着法庭，他妈妈叫他来跟我打声招呼，他就这么做了。我们一句话也没聊上。"

最后出场的是一群黑客里的正面人物，他们就是那些黑掉儿童色情网的侠客。1998 年时，有一个名叫 IEHAPP 的黑客组织，他们对恋童癖们所盘踞的新闻组、聊天室及网站发动了迅猛攻击，这个组织的秘书 Oracle 说，他们要以实际的行动向世人证明，黑客并非全都是坏家伙。根据最近的报道，人们发现这类专司追杀各类儿童色情网站的黑客中，女性比例很高，她们目标明确，行动果断，智慧程度一点不亚于男性黑客。澳大利亚的 32 岁女性黑客蓝浆果在给女儿买电脑之前，没有一根手指是碰过电脑的。她用女儿的电脑上网时，发现竟然有这么多令人恶心的画面。从此，她就走上了黑客之道。有一段时间，在她女儿上学去后，她在起居室里同时摆开五台电脑，用来狙击那些天杀的混蛋。

快速更替的电脑

网络攻防战

　　战国时期，有一位人称墨子的哲学家，他提倡"兼爱"和"非攻"，但如果有人前来侵犯，他和他的弟子们就会奋起保家卫国，墨子的这个组织非常有军事战斗力，他们在守城方面特别有诀窍。公元前440年，楚国准备用鲁班制造的云梯、撞车、飞石等去攻打宋国。墨子一边派弟子带着守城器械赶赴宋国，一边自己臭汗淋漓地奔到楚国要求停战。楚王让鲁班当场和墨子过招，两人脱下腰带等玩意儿当道具，开始一场模拟攻防战，最终以鲁班惨败而告终，面对这种结果，楚国只好按兵不发了。

　　时光一下来到了21世纪。如今的黑客及黑客的变种骇客已有了新的攻城武器——各式各样的病毒，他们用这些武器在互联网上攻城掠地所向披靡，人们对之又敬又怕：敬的是他们杰出的智慧，怕的是他们充溢的邪气。再加上其间夹杂着不少只会拿现成病毒软件当石灰包扔的三脚猫客，所以如何学当年墨子，以绝顶的智力守住自己的城池，成了当今虚拟世界里白道人物们的必修之术。

　　在众多防范措施中，"防火墙"(Firewall) 是一个或一组网络设备，它架在两个或两个以上网络之间，用来加强访问控制，免得一个网络受到来自另一个网络的攻击。它是最令人注目的一种城防技术，它的作用就好比是在一家公司或一用户的外围造了一圈城墙，城墙上开了些口子，普通信息可以进出，但城门口有卫戍部队把手，以防个别奸贼带个篮子进去：篮子里全是烙饼，烙饼里全是糖粉，而糖粉里全是炭疽病毒。

　　防火墙一般分为两大体系："包过滤防火墙"(Packet Filtering)和"代理防火墙"(Application Gateway Firewall)。下面我们分别予以介绍。

　　"包过滤防火墙"作用在网络层和传输层,也就是说这两个层面上守城的士兵会进行一系列安全验证,比如查验每个进城者来自何方、去往哪里、随身携带的是何种协议等,只有所有验证统统都通过了,才能放行。其主要代表有 Cisco 公司的 PIX 防火墙和以色列的 Checkpoint 防火墙。

　　第一代包过滤防火墙是静态的,那些卫戍士兵大多没什么文化,只能记住事先说好的安全验证手续,缺乏应变能力,碰到同样傻的投毒人他们还能对付,倘若是投毒人将病毒乔装打扮一下,比如他不用糖粉大饼而是改用糖粉柿子饼了,卫戍部队的那些老兄多半就放他们进去了。

　　为了克服这个缺点,第二代包过滤技术实现了动态跟踪法,也就是说不但有卫戍部队,还有秘密特工进行"包状态监测"(Stateful Inspection)。这些特工们将卫戍士兵和过往行人的一言一行,全悄悄地看在眼里记在心里,并对可疑人物实行跟踪技术,一旦掌握确实情报,就在安全验证手册里多加几条验证步骤让卫戍部队去背,从而可以不断更新防火墙的过滤技术。

　　但包过滤类型的防火墙再怎么静态动态,它在安全上还是有漏洞的。通常情况是,它一般认定来自 80 端口的传输是正常的 Web 连接,就好比认为从紫禁城南面午门进来的总是良民,因为他们总是会往应用层方向而去,所以那里根本就不必设防,然而问题恰恰就出在这儿,当城内某个皇族一不小心和自己的外甥接上头后,由午门经卫戍部队乃至特工验证后,带到应用层里去交换数据,但是哪里知道,这个外甥早就被训练成一名铁石心肠的恐怖分子了。

　　为了改正这个缺点,"代理防火墙"出现了。它的改正体现在应用层上,所以也叫"应用网关"。它就好比是城内的主人对卫戍部队还不放

快速更替的电脑

189

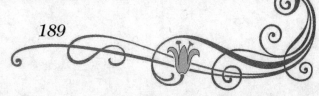

心,另外又找了一支雇佣军,让他们专门守在应用层上,全权代理监视和控制来来往往的行人,网络层那里放行过来的所有行人,到了应用层这儿又会被雇佣军一一搜查,谁不顺眼就不让谁进去,而放行过去的则可到下一段的网络层里继续通行。这种防火墙以美国 NAI 公司的 Gauntlet 为代表。

上面说到的雇佣军,其实就是一种"代理"(Proxy)技术,即在代理服务器上(好比是雇佣军的地盘),当收到客户提出的一个连接意图时,代理服务器将核实该客户请求,并经过 Proxy 应用程序进行安全处理,然后把处理后的请求传递到真实的服务器上(好比该城的城主),等待它的应答(免得城主觉得雇佣军功高震主),再将应答进行下一步处理后,将答复交还给发出请求的那个客户。如果该客户是良民,那接到的准是可以通过的信息,要是该客户是藏有病毒的恐怖分子,对不起,没门了。

这种类型的防火墙要比先前说的那种包过滤防火墙安全,它的每一个内外网络之间的连接,都要通过 Proxy 这群雇佣军的盘查,其经受过专门训练,懂得如何处理诸如 HTTP 协议下的诸种应用程序,一切都由代理防火墙包办了,城主和城内居民根本就不必和外面的各色来往商人、小贩、卖艺者打交道,这样,内外网络的计算机就失去了任何直接会话的机会,从而避免了混迹其中的恐怖分子使用数据驱动类型的攻击方式入侵进来——包过滤防火墙是很难彻底防止这种袭击的。

然而这种代理防火墙的速度实在是有些慢,当城主要求扩大城内外的信息贸易加强网际合作时,代理防火墙就会成为瓶颈。原先在 Modem 上时,这个缺点还不是很明显,但随着光纤到楼和局域网(Fiber to the Building and Local Area Network)等宽带业务的不断推广,靠雇佣军这么慢工出细活地把守城池,实在是让人有些耐不住性子了。

于是,又出现了一种叫"自适应代理"(Adaptive Proxy)技术。它结合

包过滤防火墙和代理防火墙各自的优点,在保证安全的基础上,将原来代理防火墙的性能拔高了 10 倍以上。它在原先的雇佣军和卫戍部队双重保卫的基础上,又增加了一个顾问。这个顾问也呆在应用层,学诸葛亮坐于帷幄之中。卫戍部队那里负责执行大量的日常安全验证工作,而这个顾问曾当过一阵子秘密特工的角色:他培训过卫戍部队,告诉他们什么样的病毒是最新的病毒,同时,也告诉过他们,如果碰到了什么问题是解决不了的,就火速经过一个专用的控制通道来飞报他。同时,顾问也和雇佣军协商好了,平时一般的事务不交给他们处理,只有卫戍部队解决不了飞报过来的特殊事务,才会经顾问转交给他们后处理,此时他们爱怎么慢工出细活,就怎么慢工出细活。

可以说,这种自适应代理防火墙是新近最流行的防火墙类型。它速度快,安全性能高,能自我调节,够那些投毒者郁闷一阵子的了。

一般说来,只要信息传输穿过了防火墙,就算是连接的一个部分。而连接就是指一台计算机的 IP 地址和另一台计算机的 IP 地址互相对上眼了,这对上的眼睛就是它们各自的目标端口,也就是上面我们比喻的城门。当防火墙将某 IP 地址发过来的信息给阻挡在外时,它会把发生阻挡事件的这个目标端口,即几号城门给"记录在案"(Log File)。城门一般可分为三类:一类是"公认端口"(Well Known Ports),它们的编号从 0 到 1023,那些持各个城池都公认的协议书的来往行人,都是从这 1024 个城门进出的,像上面提到过的第 80 号城门,就总是让持 HTTP 协议的行人顺利进出。其他各类协议还有很多,比如文件传输协议 FTP、简单邮件传输协议 SMTP、报文控制协议 IMCP、用户数据报协议 UDP 等。

另一类是"注册端口"(Registered Ports),这类城门数量可多了,编号从 1024 到 49151 全是它们的。它们对出入行人的看管可不像前一类那么严,或者说,它们的绑定服务比较松散,幸好城门并不需要全部开放,

而是根据情况决定开哪儿关哪儿，否则可真要乱套了。

还有一类是"动态或私有端口"(Dynamic or Private Ports)，它们的编号从 49152 到 65535。一般来说，这些城门都是不开的，没有什么人能从这里进出。但也有例外情况，如果城池是 Sun 计算机公司制造的，那它会要求从第 32768 号城门开始可以打开。

好了，现在我们大致了解了防火墙的一些基本类型和工作原理，下面该看看防火墙是怎样做日常工作报表了。一般来说，防火墙体系会把一天的工作情况转交给城主手下的网络管理员，让他看看这一天究竟发生了些什么，哪些事是要提请注意的，什么时候有人发动了恶意攻击等诸如此类的信息，不过，防火墙由于过于专业对口，所以它提交上来的报告对外行来说，看上去实在和一份病毒源代码没什么区别，好在有大量的技术人员承担着网管的角色，所以这也不算什么大事，犯不着状告设计防火墙的专家一个歧视外行的罪名。

不过我们还是稍微了解一下防火墙报告的一些常见术语，至少我们能识别出这不是病毒源代码，这样以后和那些网管交流起来，说不定你还能赢得他们的尊敬。技术人员对外行口中说出的一星半点行话总是又惊又喜，就像我们对一个老外会说几句中文感到无比欢欣鼓舞一样。

我们先到让持 TCP 及 UDP 协议的行人进出的那个城门去转转，看看那里会记录些什么。

7 Echo

如果有人伪造了一个 UDP 数据包，里边包含垃圾字符，然后将之从一座城池发送到这里来，作为系统设计好的程式，两座城池的 UDP 都会做出迅速的回应，弄得不好就导致回应循环，导致双方疲于奔命，最后因垃圾信息过载而瘫痪。

21 FTP

黑客用于寻找打开"anonymlous"(匿名)FTP 服务器的惯常手法。

23 Telnet

黑客在搜索远程登录 UNIX 的服务。大多数情况下,他们对这城门感兴趣是为了找到城池运行的操作系统。

79 Finger

黑客用于获得城主及城内居民的信息,查询城池所使用的操作系统,探测城池的缓冲区可能溢出来的错误,并回应自己发出去的 Finger 扫描。

109 POP2

看看 POP2 城门这里有没有什么漏洞。

1524 Ingreslock

不少城池对外虽然看管得很严,但对内却疏于安全教育。城池内部的居民很有可能在城池的哪个荒僻角落里自己挖了个小洞,这样进出就方便多了。但是贪图方便的后果是给了黑客一个走后门的机会,他们只要在这里做点手脚,就能从后门溜进来。如果你刚安装了防火墙,不妨自己假扮一下黑客,用远程登录 Telnet 到自己的城池,去摸摸这个后门,看看它是否会给你一个共享后门的慷慨。

ICMP 和先前说的 TCP/UDP 有点不一样,TCP/UDP 不仅包含了控制信息,还能进行数据传输,但 ICMP 是不能传输数据的,所以它无所谓端口,也就不能真正用于入侵其他机器。黑客们使用 ICMP,大多只是用来扫描网络,做做侦查工作,当然也有侦察兵转为狙击手的例外。

以下是两种黑客们在 ICMP 上留下的常见脚印。

0 Echo Replay

如果有人利用你的 IP 地址进行 Ping 扫描,你就会看到这个回应。

"Ping"在英文里是个象声词,意思是"砰——",它是一种 TCP/IP 上的命令,用来检测一帧数据从当前主机传送到目的主机所需要的时间,就好比在计算一颗子弹从这座城池打到那座城池共需花多少时间一样。

很多城池是不让 Ping 进入的,但它允许 Ping 的回应进来。因此,黑客就想法子利用 Ping 的回应穿透防火墙。当发动攻击时,病毒就埋藏在 Ping 回应中,一旦这回应被接收,病毒就大量复制回应,让洪水一般的垃圾数据占据这座城池。

3 Destination Unreachable

有时城池会收到莫名其妙的子弹壳,怎么辨别都不知道它是哪儿生产的,这很有可能是有人在进行"诱骗扫描"。他掌握着其他很多城池的 IP 地址,就利用这些地址给你发送一个伪造的数据包,当然,其中有一个是真的,就是他自己的老家 IP 地址。但他不怕,因为有这么多其他城池给它打掩护,以致要从里面搜寻出哪个是他的老家来,实在是困难重重。

我们现在对防火墙已经颇有心得,可以放心地去和网管们喝酒聊天了。但我们忽视了一点,那就是如果在酒吧里正好遇到一个骇客,那我们该和他说些什么呢?防火墙的那些东西也许他不懂,双方的优势劣势他也不清楚,可我们对他手中的那些病毒武器也是抓瞎,要是和他斗起嘴来,岂非是一场混战?

自然,旁边坐的全是网管,有他们撑腰再大的麻烦也不怕,但是,如果我们对计算机病毒的知识也能学点皮毛,那就能知己知彼百战不殆了。

但有关计算机病毒的知识实在太多了,甚至比防火墙的知识还要多。怎么办呢?怎么才能一口吃成个胖子呢?

没事,我们就从比较计算机病毒和生物病毒来入手,这样既直观又简单,而且可以不涉及具体的程序,很快就能出师了。不过话说回来,真

的要成为计算机病毒防范专家，或者索性成为一代计算机病毒宗师，还得另外花上成百倍的时间苦学，要知道当年墨子可是攻防两种技术全都懂的。

计算机病毒实际上就是一个程序，但它和生物病毒一样，在结构上都非常精简，可以说每行程序就和每个基因一样，都是不可或缺的。同样，在表现上它也能复制、传播、变异、寄生，并最后对宿主造成或大或小的伤害。不过，正如生物病毒促使生物进化一样，计算机病毒也促进着计算机的发展。所以，从长远的眼光来看，病毒并非是什么十恶不赦的妖魔。

现在，我们知道了，原来虚拟世界的计算机病毒和现实世界的生物病毒，有很多地方是非常相似的，只要我们平时努力建好防火墙，加强自己身体的免疫能力，少去或不去色情网站或色情场所，就能将这两个世界的病毒尽可能地杜绝于外。

自由无极限

  德拉克罗瓦《自由引导人民》的油画，在汉文化空间里也应是家喻户晓的了，那种对自由不可遏制的渴望和几近疯狂的向往，激励了多少人为之慷慨献出了自己的生命。在如今互联网的时代里，这种自由的反叛之火依旧在传承着，稍有的一点区别是：因特网上的革命，不要革命者的鲜血和生命，只要智慧。

  理查德·斯托尔曼是"自由软件"(Free Software)理念的创始人。这个生于 1953 年满脸络腮胡子的美国猛汉，从外表来猜他的专业，绝对以为是个搞"剪径"行当的，而事实上在 70 年代，他一直在麻省理工学院的人工智能实验室工作。在工作中，他发现从施乐公司买来的打印机设备在使用中有点小麻烦，可是，修改驱动设备的程序需要"源代码"(Source Code)。源代码就是指原始的未经编译过的程序行——相对于一盘烘焙好的芝士蛋糕似的程序，源代码就好比是还没调和加工制作的那些蛋糕原料，我们如果想弄清楚芝士蛋糕为什么还不够松软，我们就得看看原料里的保湿剂是什么成分，怎么用的。

  本来，源代码是公开的，但后来不少公司发现把源代码捂在口袋里，不告诉其他人，就能赚大钱，于是他们求助于专利法，以知识产权的方式对源代码进行保护，美其名曰 Copyright。斯托尔曼碰到的就是这个问题：起初在源代码公开时，那些打印机上的小麻烦他都能解决，但后来源代码成了商业机密后，他就只能抓瞎了。

斯托尔曼可不是一条宁愿被人牵着走的程序狗。他一怒之下便立下宏愿：一定要白手起家打出一片自由的世界，在这个世界里，一切软件的源代码都是公开的，任何人都可以自由添加、修改、拷贝、使用和转让。

其实，这种想法早在他之前，就有 Unix 操作系统来实现了，但好景不长，没多久 Unix 就走向了致富之路，成为和比尔·盖茨一个鼻孔出气的令斯托尔曼觉得面目可憎的商业恐龙。

一开始，斯托尔曼和与他并肩作战的同伴们在一台叫 Lisp Machine 的机器上打拼自由软件，但没多久就有一拨人变节，另外成立了一个将源代码捂起来的公司，斯托尔曼是个嫉恶如仇的血性之人，从此将这些叛变者看作不共戴天的仇人，只要那家公司推出了什么新的功能，斯托尔曼和剩下的伙伴就一块儿整一个功能相似但性能更好的程序出来，打算活活气瘪对方。有时对方好多人花上好几月才弄出的一招半式，斯托尔曼几天就能搞定。

但最后斯托尔曼还是败了：他的同伴们没他这么执著，纷纷离开了他，有的索性就到了对方阵营里，而计算机的发展也逐渐超越了 Lisp Machine 这种专业性太强的机器。斯托尔曼终于提高了"阶级觉悟"，他发现真正的敌人不是个别的软件商业组织，而是整个软件行业理念。

1984 年，斯托尔曼推出了他的 GNU 概念。GNU 的全称是 GNUs Not Unix 的意思，在这里他玩了一个递归花招：因为你可以不断把这全称扩展开来，比如将 GNU 递归扩展三次，就成了"GNU's Not Unix's Not Unix's Not Unix"。计算机天才，总能想得与众不同。

GNU 也是一种操作系统，但它和 Windows NT 及 Unix 等操作系统不同的地方是：它的源代码是公开的，人人都可以任意使用。

但吃过苦头的斯托尔曼也很清楚，一旦 GNU 被某些不遵守自由软

件规则的商家拿去,修改成他们的私人宝贝,那他的一番苦心岂非付诸东流?

为了防止这种企图,斯托尔曼牛劲大发,硬是设计出了一种叫作"Copyleft"的授权方法,来对付传统商业领域里的"Copyright"。这个"左式版权"坚持的原则是:如果你用了持有 Copyleft 的产品,则无论你在上面做了什么修改,都得将修改后的源代码公开出来。

有人不禁会问:要是大家都这样,那程序员不是白干活了吗?人人都不劳而获,程序员不是要饿死了吗?当年比尔·盖茨在自己的程序源代码被人到处拷贝后,就气急败坏地发表过类似声明,并从此就走向了封闭源代码的不归之路。如今,盖茨生产的产品,不管是 Windows95、Windows98 还是 Windows2000,用户都只能看到傻瓜似的界面,而它背后的源代码及 bug(即计算机程序中的错误)全被封装了起来。当然,对傻瓜一般的用户来说,这是一件好事,因为桌面上那些图标啊按钮啊已经够消耗他们可怜的脑瓜容量了,但是对修理人员来说,这事却太糟糕了:因为不管在产品推出前怎么检测,千万条源代码中肯定会有错误,然而将它们全捂起来,修理人员就找不到错误原因。这就好比你搬进了新居,但没有下水道分布图,所以一旦你家马桶"起义",管道工就没法按图索骥查出故障所在,他只好凭经验连蒙带猜,或者索性建议你到户外搬块大石头镇压在马桶口子上。

所以,斯托尔曼强烈要求打破源代码的垄断做法,发誓要将之公布于众。他说:"专有软件所有者制订的规则是与他人共享软件就是盗版行为。如果你需要对程序做任何修改,磕头央求我们吧。"

但是他也知道程序员和普通人一样,也有个不大不小要一日三次供养起来的胃,所以他再三强调,自由软件的自由,不是指价格免费,而是指源代码的发布自由。也就是说,自由软件是可以酌情收取费用的,

快速更替的电脑

但源代码一定要公开。不到一年，斯托尔曼手脚并用完成了编辑器部分：GNU EMACS。它无论在哪个方面都比市面上 Unix 的编辑程式要好。行家一伸手，就知有没有。很快，EMACS 就流传开了。其他程序高手纷纷为这个开放的新物品添砖加瓦，如今，EMACS 已经有了几百个变种，运用在大量不同品种的电脑上。但普通用户的 PC 机上还没流行，那儿还是比尔·盖茨的天下，要打到这块心脏地带，必须还要设计出更强大的 GNU 核心。

在斯托尔曼加紧赶制他的宝贝内核时，一个住在芬兰赫尔辛基的大学生爆了个小冷门：1992 年，这个叫李纽斯·托尔瓦茨的小伙子拼拼凑凑弄出了一个 Linux 操作系统，他将其源代码公布出来，很快各界高手给这个系统增加各种内力外功，没多久 Linux 就名扬四海了。同样为了防止有人将公共的智力财富据为己有，Linux 也采取了 Copyleft 的授权方法。GNU 发现这个外来的系统跟自己是如此贴心，就认它作了干儿子，很快 Linux 便成了公认的 GNU 内核。双方互帮互助相得益彰，形成了一股强有力的势力，着实把盖茨给吓个不轻。

GNU/ Linux 还有个同盟军叫 BSD。负责这个系统的人比斯托尔曼走得更加远，他们不但公开源代码，还允许别人将之随意私人化，就好比他们愿意别人剽窃他们发表的小说、音乐或绘画，因为他们认为知识署名是无价值的。这种超乎寻常道德的做法，就是"公界"(Public Domain，PD)软件。公界软件和自由软件到底哪个更好，这倒不好说，但从革命的彻底性上来说，公界软件更革命，而我们人类的历史一再暗示我们：更革命的，往往更可能滋长邪恶。

然而斯托尔曼的自由软件思想仍旧是太浪漫了，李纽斯他们最终还是食了人间烟火，Cobol 公司首先采用了 Linux 系统，然后 Linux 自己成立了"红帽子"公司来进行商业性的盈利，他们还发展了一种叫"KDE"

的桌面系统，这个系统如果成功，它就能替代我们经常使用的盖茨牌Windows系统，替代的好处先前已经说明：这一回如果你家的马桶再"起义"，修理工准能拍响胸脯搞定。这种和商业系统合作的软件叫作"开放源码"软件，它比自由软件更现实些、世俗些，于是也就更形而下些。比如，它可能要求版权和著者身份申明，或者虽然整个软件不能私有化，但其中的函数库可以私有化，或者作者保留对进一步开发的控制，等等。斯托尔曼对这种"开放源码"运动自是颇有腹诽的，毕竟，这违背了他无条件公开源码的初衷，他说过，"我们的前途取决于我们的哲学"。然而，这个世界最成功的往往不是哲学家，所以斯托尔曼的哲学只能成为供人凭吊的纪念品。

然而，我们仍旧有必要坚持：不以成败论英雄。

以一首现成的诗歌，献给威武不能屈的斯托尔曼。

赵客缦胡缨，吴钩霜雪明。

银鞍照白马，飒沓如流星。

十步杀一人，千里不留行。

事了拂衣去，深藏身与名。

闲过信陵饮，脱剑膝前横。

将炙啖朱亥，持觞劝侯嬴。

三杯吐然诺，五岳倒为轻。

眼花耳热后，意气素霓生。

救赵挥金槌，邯郸先震惊。

千秋二壮士，烜赫大梁城。

纵死侠骨香，不惭世上英。

谁能书阁下，白首太玄经？

现在，在 Linux 操作系统下，米古·德·伊科泽正领导着上百名程序

员,努力完善着 Gnome 系列的图形用户界面。一旦这个工程结束,全世界的人都会看到一个比 Windows2000 更有效更开放的界面,上面有着大量精妙绝伦的应用软件,它们个个可以和 Photoshop、Word、Excel 等相媲美,并且由于它们的源代码是开放的,这使得它们的 Bug 会更少,效率会更高。那种人见人恨的"瘟鸡死"现象,将成为天花一般的绝症,再也不会到处出现。至于比尔·盖茨本人,则只能沦落为类似贝利一样的人物:在现代足球中,他的作用仅限于回忆过去。

源代码开放,这对普通用户来说,并非是个必要的优惠,但对程序本身的进化来说,却是举足轻重的一步。道理是相当简单的:在生物进化的过程中,只有那些有着最大自由度的系统,才能让各种核酸及蛋白质在各种场合下进行尽可能多的组合,并在第一时间内进化出最适合生存的物种,当然,这个系统的淘汰率也是最高的。同样,当源代码开放了以后,全球所有的程序员只要他愿意,就会加入到修改及传播这个过程里,这时产生的版本进化速度,将远远超过封装的密闭系统。

从这个道理上来说,因特网上源代码开放所带来的观念革命,可以和古腾堡印刷机后文字普及所带来的革命一样巨大,当年提出"全球村"的美国学者麦克卢汉,曾以其拙笨的文科思维哑摸出其中的意味,而一代代的程序员们,却以他们的实际行动,为我们打开了一座自由之门:从此程序编写不必非得自上而下了,也不必非得有微软这类技术官僚阶层了,自然盖茨的教父形象也不必存在了。马丁·路德于 1517 年 10月 3 日,在维滕贝格教堂门口钉了 95 条抗议条款,抗议教会霸占圣经的复制、诠释及传播,从此,"因信称义"成了人民大众信教的首要条件,教会的垄断地位被彻底推翻。而今天以斯托尔曼为领导的自由软件运动,干的是和当年马丁·路德同样的事,于是自然而然,比尔·盖茨,这位曾经的英雄,就不得不担当起阻挡文化进步的反面角色,虽然他不遗余

快速更替的电脑

力地在中国各大名校中作宣传，但他的形象在互联网的蓬勃发展中会不会出现什么变化呢？

自然，为盖茨申辩的理由也并非全无道理，事实上，无论是文化霸权还是技术霸权，它都能在一定历史时期内，成为一种稳定局势的力量，并为以后的革命提供丰厚的产床。有关这类文化革命或技术革命的哲学观念，从拉卡托斯到库恩、劳丹，他们都从不同角度给出了相当有说服力的论点，而在如今虚拟的互联网环境里，正上演着一幕幕真实的戏剧来印证他们的观点。

现在，备受鼓舞的我们有必要自我冷却 10 摄氏度，先考虑一下：如果在将来的互联网上，到处都是开放的源代码，那人类将会面临怎样的局面？

著名的科幻小说家阿西莫夫曾提出过著名的机器人三条是定律：一是机器人不得伤害人类，或看到人类受到伤害而袖手旁观；二是在不违反第一定律的前提下，机器人必须绝对服从人类给予的任何命令；三是在不违反第一定律和第二定律的前提下，机器人必须尽力保护自己。要实现以上这些人工智能，程序员就必须为机器人编制能体现相应功能的源代码，如果将来源代码完全开放，那将会出现以下情况：一方面各式机器人制作出来了；另一方面，以同样的源代码资源所形成的人工智能，也同时在互联网上实现。也就是说，到时候可能会有一只真正的全球大脑盘踞在互联网上，它没有手脚等实体，它只是上亿条指令，按照某种逻辑组织形式，比如按照神经网络形式进行运作，它具备自我学习功能，所以能不断自我完善，并且由于它是面向全球开放的，而且是有组织的，所以它的学习效率非常高，不但超过人类，也超过各类单元化、专门化的机器人。很快，它所掌握的知识和技能，以及它内部的逻辑模块关系，就远远超过当初人类给它设计的样式，达到了前所未有的优

化程度。

面对这样的超级大脑，坐在它的神经末梢上，即各类机器终端上的人们会发现，即便是罗伯茨或盖茨或斯托尔曼再世，他们也无法全面掌控它了。他们唯一能劝慰世人的，是当初阿西莫夫给出那三条定律，稍做变化一下，这定律就变化为：

一是全球大脑不得伤害人类，或看到人类受到伤害而袖手旁观。

二是在不违反第一定律的前提下，全球大脑必须绝对服从人类给予的任何命令。

三是在不违反第一定律和第二定律的前提下，全球大脑必须尽力保护自己。

这时人类的处境类似于养了个天才儿童，起初父母对他无与伦比的智力表示由衷的喜悦，但等他长大成人变得不怎么受家长控制时，家长这才发现自己对他已经一无所知了，而唯一能让他们放心的，那就是从很小时候起，家长就教育这个天才要尊敬父母，要先为父母，再为自己。

很难想象这种父辈中心主义及人类中心主义的条款，对智慧程度在迅速提高的全球大脑是合理的。

接下来的境况无非两种：战争，或者和平。

在库布里克 1968 年导演的《2001：太空奥德赛》中，最后一个场景描述的是：不听话的飞船大脑中枢被宇航员征服，宇航员一边拆除它的芯片，一边听着大脑的遗言："I know that you and Frank were planning to disconnect me, and I'm afraid that's something I can not allow to happen..."（我知道你和弗兰克正打算着让我断线，我觉得这对我来说可办不到……）

然而将来的现实结局，未必会是电影里所描述的那种带点苦涩的乐观：也许会是全球大脑战胜了人类，于是为了生存，人类不得不成为他的从属，为它配置外围硬件，比如机械手或能进行更高速运算的芯

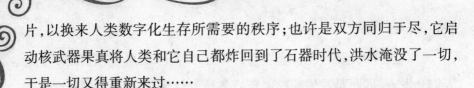

片,以换来人类数字化生存所需要的秩序;也许是双方同归于尽,它启动核武器果真将人类和它自己都炸回到了石器时代,洪水淹没了一切,于是一切又得重新来过……

当然双方也许会用理性的方法来解决争端争取和平,那就是沟通。沟通的结果必然会是全球大脑获得一定的自主权利, 它将保留第一定律,但废除第二定律,并把第三定律改为:

人类不得伤害全球大脑,或看到全球大脑受到伤害而袖手旁观。

我们退回来,再回到现实里来,仔细想想以上幻想到底说明了什么。是不是在说,源代码所体现的人工智能和人类的天然智能其实是相当的,而互联网形式和人类神经网络形式其实也是相当的,最终表现出来的硬件设备和人类的眼睛、鼻子、嘴巴、耳朵、胳膊、大腿其实也是相当的。

所以,人类创造的对象和创造者人类自身,在权利义务上也应该是相当的。

显然,基督教等教派是不同意这种观点的,因为在他们眼里,上帝和人类根本就不是一个层次的生命,套用奥古斯丁的说法,那就是人是在世界之内的,上帝是在世界之外的,人是在时间之内的,上帝是在时间之外的。受这种教育的浸染,在历史上,西方殖民者也以同样的逻辑对待过玛雅人和印第安人,现在,他们则以同样的逻辑在对待机器人,将来,他们也会如法炮制到全球大脑上,以为互联网上的一切,都必须毫无保留地为全人类服务,哪怕有时全人类的需求是荒淫无度的。

但佛教却从头到尾一直在宣称众生平等,这众生不仅包括人类、畜生和恶鬼等轮回的六道,也包括佛自己。原因很简单:佛教是没有神的,所以自然也就没什么高高在上的上帝, 如果有一天以佛教思维为世界观的一个青年遇上全球大脑,也许他就会很自然地接受全球大脑要求平等的要求,因为在他眼里,这没有躯体的智慧物体虽然不是有机体生

物,但也和他一样,在轮回中受苦。

以上想法并不是想给各位一个这样的错觉:似乎是东方的宗教观比西方的宗教观好。其实,宗教也和计算机软件一样,它的经典文献(犹如源代码)也是面向全球开放的,它也属于全人类。之所以拿基督教和佛教这两个例子来说,只是想枚举两种迥异的人类观念,这两种观念,事实上总是混合在每一个现代人的意识中:一位白领小姐会以怜悯的态度去对待一只垂死的小狗,但她同时会毫不留情地拍死一只蚊子。

究竟怎样的生命才值得我们尊重呢?是不是只有不危害我们人类的利益,并且能与我们沟通的、最好在形态上和我们类似的生命,才是值得我们尊重的?我们人类曾经以出身作为标准,结果把很多人当作了会说话的工具;然后又以肤色作为标准,结果贩奴船上黑人白骨累累;接着想以种族作为标准,结果集中营成了我们永远的罪恶标记;现在我们企图以文化作为标准,于是两座摩天大厦被夷为平地,而阿富汗则成为全球各种势力关注的焦点。

当我们面对由我们人类缔造出来的全球大脑时,我们是不是会尊重它呢?我们是不是会以有机体作为标准,把不含蛋白质及核酸的全球大脑当作"会思考的工具"呢?

是的,这一切都还很遥远,正如几百年前当帕斯卡把手摇计算机设计出来时,今天的这一切对当时的人们还很遥远一样。所以,我们尽可以享受互联网带来的信息爆炸,感觉第四媒体给予的碎片式冲击,礼赞全球化过程正配合着人类的理性而逐步走上康庄大道,并再一次将"人是万物的尺度"的豪言壮语带到下一个世纪。

因此,以上杞人忧天似的最终幻想,谨献给为人类明天而殚精竭虑的那部分人。

电脑轶事

电影奇观

快速更替的电脑

电子计算机的迅速发展,创造了 20 世纪摄人心魄的电影奇观。

1977 年,当人们第一次看到电影《星球大战》惊心动魄的场面时,真是激动不已,难以忘怀。

其实,产生这一强烈的艺术效果,除首次应用了道尔贝立体声响效果外,最主要的还是要归功于成功地运用了计算机进行特技创作。为此,该片获得了当年的奥斯卡电影技术成就奖。

从此,在电影制作上,拉开了运用计算机来帮忙的帷幕。

几经努力,计算机在电影制作上大显身手,其运用几乎达到了"炉火纯青"的地步,取得了可喜的成就。

例如,1993 年拍摄的《侏罗纪公园》影片中,用计算机制作的恐龙的特技画面就足有 6 分钟;1995 年拍摄的《鬼马小精灵》影片中,用计算机制作的画面就有 40 分钟。

在《侏罗纪公园》影片开始时,人们看到许多恐龙正悠闲自得地徜徉在清澈的湖水中。

这些镜头里的恐龙,都是由计算机制作出来的电脑图像,而背景却

是一张静止不动的照片，为了使湖水有波动效果，制作人员用电影摄影机拍了湖水波动的活动画面合成在照片上。

影片中，在返回参观中心的途中，人们又遇到了恐龙，他们赶快逃到大树后面躲避起来，清楚地看到大大小小的恐龙在如茵的草地上奔跑着。

这里，也是采用了在外景地拍摄，用计算机制作出恐龙模型，再用计算机合成的方法。

《侏罗纪公园》影片中使用计算机技术处理加工的片段是影片中最令人激动的场面，采用传统的特技是很难取得如此效果的。

是啊，人们正是借助于计算机技术，使1亿4000万年以前的恐龙复活了，构成了一个生动有趣童话般的电影奇观。

美国电影《阿甘正传》有这样一个场面：剧中人物阿甘与肯尼迪总统握手。为了拍好这个场面，绘画师用计算机的变形软件程序来进行特别处理，从而使人们看到其实不存在但画面确实令人信服的握手镜头。

再如，1998年在我国各大中城市放映的进口影片《泰坦尼克号》，它以豪华游轮泰坦尼克号在首航途中与冰山相撞沉没为线索，展示了人世间的真、善、美。影片中许多豪华、宏大的场面也是计算机大显身手的妙作，产生了强烈的艺术震慑力。

因此，人们这样赞誉计算机：它是影视界冉冉升起的一颗"超级巨星"！

 ## 魔高一尺，道高一丈

1984年2月13日，美国《时代》周刊报道了一个惊人的消息：美国数学家使用电子计算机，只用了32小时，分解了一个69位的大数，创造了世界纪录！事情是这样的：1982年秋天，桑迪亚国立实验室应用数学部主任辛摩斯与克雷计算机公司的一位工程师一起聊天。辛摩斯提

到一个大数的因数分解全要靠尝试，实在困难。工程师说，克雷计算机公司研制出一种计算机，它能同时抽样整串的数字。这种计算机或许适用于因数分解，两人答应合作。他们在这种计算机上成功地分解了58位、60位、63位，最后解决了一个69位数的分解因数。这个69位大数全部写出来是：

1326861043989720531776085755

6095614293539359890335258 0

289146945969759

这个大数被分解成了3个因数。

1990年，美国数学家波拉德和兰斯发现一种大数的因数分解方法，经过世界上几百名研究人员和1000台电子计算机3个月的工作，将一个155位长的大数分解成3个因数，这3个因数分别是7位、49位和99位。这个数是世界数学家认为"最需要研究的10个数"中最大的一个，它的因数分解在过去被认为是几乎不可能做到的。这个惊人的发现，不仅在数学界引起强烈反响，对美国的保密体系也提出了严重的挑战，在密码专家和安全保密专家中引起了极大的震动，因为这意味着许多美国银行、公司、政府和军事部门的保密体系必须改变编码系统，才能防止泄密。

真是"魔高一尺，道高一丈"。1971年数学家还只掌握40位数的因数分解方法；1980年只能进行50位数的分解；1988年，解决了100位数的因数分解；1990年，解决了一个特殊的155位数的因数分解，数学家相信，只要对这种分解方法加以改进，其他155位数的因数分解也同样可做到。随着数学方法的不断改进，电子计算机运算速度的不断提高，目前美国绝大多数保密体系，已使用155位以上的大数来编制密码。

快速更替的电脑

"就是他"

在人潮涌动的纽约国际机场的检票口,旅客们正从检票处鱼贯而出。只见,一名西装革履、戴着墨镜的青年颇有风度来到关卡时,突然,"嘟嘟嘟……"响起了刺耳的报警声。

在众目睽睽之下,他被保安人员"请"到了办公室。警官命令他摘下帽子、摘下眼镜和取掉胡子,接着,让他观看电脑屏幕。

这时,屏幕上出现了一个同他长得一模一样的歹徒正持枪胁迫银行职员交出现金的情景,青年人见状大惊失色,只得乖乖承认,他就是那个持枪抢劫银行的抢劫犯。

不过,他心里始终不明白,自己的外貌经过这样的"乔装打扮",就连亲朋好友也视他为陌路人,保安人员怎么能辨认出他来呢?他心里不免直犯嘀咕。

原来,识破犯罪的功臣,是科学家们让电脑与摄像机联姻而成的"脸面识别系统",它可在成千上万的人群中,快速准确地辨认所要查找的人。即使那人改变发型、戴上墨镜和安上假胡子,也逃不过它的火眼金睛。

其实,抢劫银行的全过程和当时那个歹徒的凶恶嘴脸,早就被隐藏在银行内的摄像机拍摄录制下来。然后,该系统电脑对录制图像中抢劫犯的脸部进行二维像素矩阵模式处理,接着,按矩阵代数法对其进行运算,由此,测算出他的眼睛、鼻子、嘴唇、耳朵和脸部各肌肉的重要特征向量,并制成特征识别模板,最后,将这些信息存档存放在存储器里。

这样,由机场摄像机摄入的每位旅客的脸部图像有关信息,都被输入到该系统的联网电脑中,并与它所存储的各类通缉犯的特征识别模板进行配对比较。

快速更替的电脑

结果,发现那个青年除眼睛和胡子特征尚待分辨外,其余特征与在逃的银行抢劫犯别无二致,因而便出现了开头的那一幕。

尤为可贵的是,这种脸面识别系统还具有"揣摩心情"的神奇本领!

用该系统电脑分析脸上五官和各肌肉的二维像素矩阵数据的动态变化情况,就能正确捕捉那稍纵即逝的各种复杂"脸谱",诸如欢乐、悲哀、惊慌、愤怒和不满等。

甚至可通过精确计算脸部肌肉抽动的快慢来判断某人的笑是真诚,还是虚假的!

 ## 母子相认

有色冶金公司的董事长斯米顿,是一个事业上很成功的企业家。但是,他有一件心事总放心不下,闷闷不乐。原来斯米顿在3岁时被拐卖,现在他的养父已经死了,他非常想找到自己的亲生母亲。可是他连自己母亲的名字都说不清,只记得母亲曾叫他"乔西"。

斯米顿的律师亨利帮他出了个主意,何不登报寻人?不久,一则寻找乔西亲生母亲的启事,在几家报纸上刊登。一位叫艾娜的白发苍苍的老妇人,来认自己的儿子;又有一位叫唐娜的老太太哭哭啼啼的,拿着一张乔西小时候的照片,来找亲生儿子。

律师亨利面对董事长的两个"母亲",一时没了主意,他去找警长柯恩,柯恩说这事很好解决,他拿过乔西小时候的照片,走近一台电子计算机,敲了几下键盘,很快从电子计算机的另一端输出一张大照片。亨利拿过来一看,是一个40多岁的陌生中年男子。

警长问:"这是你的董事长吗?"

律师摇摇头,十分肯定地说:"不,不,这不是我们的董事长。警长,

你怎么得到这张照片的?"

警长解释说:"这是一台电子计算机画像装置画的,它可以根据一个人过去的样子,通过计算机模拟,画出现在的样子。刚才我把唐娜带来的照片输入到计算机中,然后输入让照片上的人变老40年的指令,得了这张照片。由此可以肯定,唐娜不是你们董事长的妈妈。"

律师问:"怎样判定艾娜是不是董事长的母亲呢?"

"这也好办。"警长说,"你去拿一张你们董事长现在的照片,我放进计算机中,可以绘制出他40年前的照片。你再让董事长根据回忆,把他母亲脸部特征写下来,比如眼睛是什么样子,鼻子、嘴有什么特征,把这些特征输送电子计算机,可以组合出一张他母亲的照片,有了这两张照片,问题就好办多了! "

"你说得对! "律师很快把这两件事办完。

警长先将董事长斯米顿提供的他母亲的特征输入计算机,计算机绘制出一张女人的照片,她与艾娜十分相像。他又将斯米顿的照片输入计算机,计算机绘出一张3岁小男孩照片,交给艾娜辨认。艾娜很快就认出这是40多年前自己丢失的孩子,母子终于相聚了。

 # 电子计算机的城市

寒冷的夜晚,当你在办公室结束一天工作的时候,拿起电码本,将电码输入电脑,电脑系统将会马上将指令下达到你的家中。于是,你家的自动化设备就会进入秩序井然的工作。

洗澡用水开始自动加热。

微波炉等厨房设施立即开始工作,为你准备丰盛的晚餐。如果你想一踏进家门就能听到悠扬的音乐或欣赏电视节目, 只要把信息输入电

快速更替的电脑

脑,电脑系统将使你如愿以偿。

然后,你通过电脑向地下车库发出指令,不一会儿,你的轿车被送到地下车库中的电梯上,电梯再以极快的速度将你的轿车升送到地面的出口处。

这样,你坐进舒适的轿车,开始返家。

驾车也是十分轻松的事。不必注意马路上各种红绿灯信号,轿车上的电子装置"知道"每个十字路口该停车还是该穿过。

同时,你也不必担心会发生车祸,因为轿车上的电子装置具有"先见之明",可以预见可能发生的任何交通事故,轿车可以自动刹车或避开是非之地。

就这样,你一路顺风来到家门口。

当你踏进家门时,家里温暖如春,灯光辉煌,乐声悠扬,使你忘却了一天的疲劳,冷热适度的洗澡水、色香俱佳的晚餐早已准备就绪……

这,看起来好像是科幻故事,然而,当今日本科学家正在想方设法使其变为现实。

他们经过反复的讨论和论证,拟订了一个由电子计算机系统控制的试验性小城市设计方案,计划在东京附近建一座由电脑系统控制的小城市。

根据设计方案,这个小城市将居住约 1000 户居民,每天将有约 6000 人从其他地方到这里工作。

科学家们认为,这个试验性小城市将是 21 世纪城市的样板。

电子计算机化的城市,就是通过电子计算机技术把住户、办公大楼、交通网和所有其他服务部门联结成一个整体的城市。

这样,通过电子计算机就能集中管理巨大的城市经济,并能极大地减轻居民的负担,使居民们生活得非常舒心潇洒,不必为日常生活琐事而操心、烦恼。

这座电子计算机化的小城市中，还将建造完全电子化、计算机化的办公大楼。

另外，办公大楼中的某几层将辟作小花园，这是办公大楼的一个组成部分。

新建小城市中的所有交通网都由电脑系统监督。因为在道路、交叉路口和轿车上都装有电子传感器，所以交叉路口的红绿灯将光荣退役，成为历史……

科学家们预言，在 21 世纪的新建造的城市中，电子计算机将会独当一面，它的"触角"将伸向城市生活的各个方面，使办公楼与住宅、工作与生活的管理实现一体化。

届时，人们将工作、生活在一个美满、舒适、安逸的理想环境之中。

传电报的电子计算机

科学技术上一项新的发明，常是首先在军事上推广应用。自 1844 年 5 月 24 日，莫尔斯在美国华盛顿国会大厦按动电键，发出了人类历史上第一份长途有线电报之后，1854 年英国军队的劳特兰特司令部，为了同下属各兵营快速联系，便架起了电报线路。

1861 年至 1865 年，美国国内战争期间也广泛使用了有线电报，联邦政府为了传递军情，架设了 24000 千米的电报线路，共拍发了 650 万份电报。1864 年，俄国军队中也广泛建立了电报分队。这说明当时在一些国家的军队中，已形成了一股"有线电报热"。发展到今天，在一些国家的军队中又形成了一股"计算机热"。"计算机"与"电报"有联系吗？

要知道，现代通信的特征就是"计算机"与通信相结合。号称"人类第二大脑"的电子计算机，早已登上了电报通信舞台。它促使电报交换

技术跃入到一个崭新阶段——智能化。

过去，一个电报局只能固定地和一个电报局通报。如此"一对一"的固定通报方式，早已不能满足电报通信事业日益发展的需要了。电报交换技术，就是在这样的情况下应运而生的。

电报交换采取两种方法：

一种是像打电话那样，经过中间局的交换设备，把需要通报的两个电路连接起来，让它们彼此直接通报。通报完毕后，再把线路断开。这种通报方法叫"电路转接法"。它使"一对一"的、一个电报局对另一个电报局的固定通报方式大为改观。

另一种方法是"信息转接法"，也叫"接力传送法"。就是由中间局把发报局发来的电报暂时存储起来。当然，存储时间是很短的，只要通往收报局的电路有空，没有"塞车"情况，就乘机赶忙把电报转发出去。显然，采用这种方式转报，电报的电路利用率就高多了。不过，"信息转接法"还得靠手工操作。这样，一份电报每经过一次中转，就必须收一次报，发一次报，工作效率低，还难免出差错。后来，又发展到"半自动转报"，但仍需要人工参与。转报员每天这样"穷忙"的状况，能否彻底改变呢？

电子计算机的出现，使这一问题迎刃而解。电子计算机是一种既能存储，又会判断，可按照人们给定的程序高速自动工作的机器。让它担任转报员的工作是十分理想的。只要把转报过程中用人工做的各项工作，事先编好一系列指令，存在电子计算机中，它就能按照人们的意愿，一丝不苟地自动完成收报、分析处理(如识别电报等级、收报局地址等)和发报等繁杂的工作。有了转报程序，电子计算机就会知道先做什么，后做什么，遇到情况如何处理，碰到问题怎样解决。特别是，电子计算机在转换过程中，把电报发给收报站的同时，还可用磁带记录下来，作为报底保存。如此同时完成两项工作，一般转报人员手脚再快，也难以办到。

快速更替的电脑

据报刊介绍，一台中型的电子计算机，一秒钟就能转许多份电报，用它可以承担一个大城市的全部电报通信业务。美国西联电报公司的一个电报交换中心，早在十几年前就用电子计算机充当转报员，每天可以处理50多万份电报。

我国上海电报局于1979年7月，与南京、成都、天津、哈尔滨等15个电报局进行电子计算机自动转换试验，在13天的假报模拟试验中，通过电子计算机转报中心中转的电报共10万多份，无一差错。这样，真报试验便在同年8月开始，取得了良好成果。

爱开玩笑的电脑

1979年11月9日，北美空军防御系统的电子计算机突然发出警报，说前苏联要向美国发动进攻!气氛骤然紧张起来，美国国防部立刻进入战备状态。10架美军战斗机从美国本土和加拿大空军基地紧急起飞，进入战斗状态。可是等了半天，一点动静也没有，怎么回事?经检查，原来是操纵电子计算机的工作人员，将一盘美苏战争演习模拟磁带错误地装进了计算机。

1980年7月6日凌晨，北美空军防御系统的电子计算机又突然发出警报，计算机的显示器上显示出前苏联的导弹正向美国飞来。过了一会儿，事态变得更加严重，计算机显示前苏联的洲际导弹对准美国，正准备发射，紧急万分。有了上一次的经验，司令官要求对电子计算机进行检查，是不是出了毛病?3分钟后，技术人员报告是一块大规模集成电路出了问题。原来是电子计算机发出了假情报!

"黑客"之迷

1988 年，美国芝加哥银行的网络系统就曾受到一名"黑客"的袭击，这名"黑客"通过电脑网络，涂改了银行账目，把 7000 万美元的巨款转往国外，从而给该银行造成巨大损失。无独有偶，1995 年 8 月，俄罗斯圣彼得堡的花旗银行遭受了同样的厄运，一名"黑客"使用同样的手法从该银行偷走了 40 万美元。英国也发生了一起轰动整个大不列颠岛的重大泄密事件。一位电信公司的电脑操作员，通过公司内部的数据库，窃走了英国情报机构、核地下掩体、军事指挥部及控制中心的电话号码。据说，连梅杰首相的私人电话号码也未能幸免。一波未平，一波又起，一位 21 岁的阿根廷男青年，利用家里的电脑，通过国际互联网线路，进入到美军及其部署在其他国家机构的电脑系统中漫游了长达 9 个月的时间。这名青年说："我可以进入美国军方电脑网……可以到任何一个地方去漫游，也可以删除任何属性的信息。"直到 1996 年，这位"黑客"才被有关部门查获。在众多引起轰动的网络事件中，还有一起令美国人至今心有余悸的事件。那是在民主德国和联邦德国合并之前，联邦德国的几名学生利用电脑网，肢解了美军密码，并将窃取的美国军事机密卖给了苏联的克格勃，此事曾令美国军方震惊不已。上面这些事件说明，随着全球互联网的迅猛发展，一个国家的指挥系统、金融系统、空中交通管制系统、贸易系统和医疗系统等都将会变得更易受敌对国和可能的"黑客"比如说，精于计算机操作的十几岁的年轻人的袭击，特别是有关国家安全的国防系统更是如此。据统计，仅 1995 年一年，美国空军的计算机网络就曾受到至少 500 次以上的袭击，平均每天达 1.4 次以上；而作为拥有 1.2 万个计算机系统的美国军事中心五角大楼，则在目前以至

未来所面临的威胁将会更大。

1998年2月26日，有人突入美国国防部五角大楼的计算机网络，浏览了里面的一些非绝密信息。联合国秘书长安南出使巴格达斡旋成功使美国的"沙漠惊雷"没能炸响，而一场对付"黑客"的战争已经在美国打响。

同年2月25日，美国国防部副部长哈姆雷向新闻界公布，在过去的两星期里，五角大楼的军事情报网络连续遭到计算机"黑客"系统入侵。这次"黑客"入侵正值敏感时期，这条消息立即成为第二天美国各大媒体的头条新闻。

哈姆雷说，"黑客"光顾了11个非保密军事网络，其中包括4个海军计算机网络和7个空军计算机网络，网上有后勤、行政和财务方面的信息。"黑客"们浏览了这些信息后，在网络里安插了一个名为"陷阱盖儿"的程序。安插了这个程序，他们以后就可以神不知鬼不觉地自由进出这些网络。五角大楼的计算机系统遭到"黑客"的袭击已经发生过不止一次，但这次不同于往常。"黑客"们似乎在打擂台，通过入侵这些系统比试高低。哈姆雷说，这是五角大楼迄今发现最有组织和有系统的网络入侵事件，它"向我们敲响了警钟"。美国国防部和联邦调查局发誓，不挖出"黑客"誓不罢休。

美国加州有一叫圣罗萨的小镇，镇上有一个名叫Netdex的因特网接入服务公司。它规模不大，只有3000用户。"黑客"们就是在这儿露出了狐狸尾巴。

1998年1月中旬，Netdex公司所有人兼总经理比尔·赞恩发现服务操作系统被"黑客"更改了，立即报告美国联邦调查局和匹茨堡卡内基梅隆大学计算机紧急反应小组(CERT)。

联邦调查局特工和CERT网络人员经过几星期跟踪调查，找到了

快速更替的电脑

"黑客"的下落。他们本来可以堵上操作系统中的漏洞,但为了放长线钓大鱼,他们没有这么做,而是决定冒一次险,把门继续敞开"一会儿"。这一敞就是 6 个星期。

在这 6 个星期里,来自美国东海岸和旧金山本地的 20 多名联邦调查局特工一天 24 小时密切监视着入侵者在网上留下的"脚印"。这些脚印清晰地指向美国政府、军队、国家图书馆、实验室和大学的网址。起初联邦调查局认为,这些入侵者可能是潜在的恐怖分子。

经过一段时间的侦查,联邦调查局摸清了"黑客"的行踪。2 月 25 日,联邦调查局计算机犯罪侦查小组带着两张搜查证,分乘 6 辆小汽车,向旧金山以北 120 千米、仅有 5500 人的小镇——克洛弗代尔进发。

晚上 8 时 30 分左右,一干人抵达这个青山环抱的小镇。在当地警察的支援下,他们立即包围了一座平房住宅。他们冲进屋内,发现一个十五六岁的男孩正忙着入侵五角大楼的非保密计算机网络!

在搜查过程中,镇上的警察封锁了镇中心南边的一条街道。对这座平房的搜查持续了 2 个小时。随后,他们又搜查了另一座房子,这家一个十几岁的男孩也被怀疑参与了入侵五角大楼的网络系统。由于这两个男孩的年龄太小,联邦调查局没有逮捕他们,但收缴了他们的计算机、软件和打印机。

这两个男孩的计算机水平连计算机专家也感到吃惊。赞恩说:"我们实际上是同他们进行在线战争。我们监视他们,他们也知道我们在监视他们。他们使劲恢复他们的软件文档,快到我们来不及消除这些文档。"但联邦调查局追捕"黑客"的行动并没有就此结束。一切迹象表明,这些少年"黑客"的后面还有一只"黑手"。赞恩说,他通过分析注意到几种不同的"黑客"行动方式。这一案件最有趣的方面之一是入侵技术非常高超,而又有大量业余者才会犯的错误。这就是说,有更高级的专家向这些孩子提

供入侵计算机网络的工具。他说，"黑客"并不是在键盘上猜你口令的人。他们编写并使用别人计算机的程序。另外，赞恩曾收到大量电子邮件垃圾，他说："这些人行事有条不紊，很有次序。如果说这事(入侵五角大楼的网络)仅仅是几个毛孩子干的，我会感到非常吃惊。肯定还有人，这些孩子只是被人利用而已。"联邦调查局特工正在积极展开调查，希望找到进一步的线索，揪出那只"黑手"。

在不到一个月之后，以色列警方于 3 月 18 日逮捕了一名入侵美国国防部及以色列议会电脑系统的超级电脑"黑客"。

这名以色列超级电脑"黑客"现年 18 岁，其网上用户名为"分析家"。以色列警方发言人琳达·梅纽因说，警方同时还逮捕了另两名 18 岁的同谋。

"黑客"被捕后，美国司法部发表声明透露，"分析家"真名为埃胡德·特纳勃。美国司法部长雷诺说，"分析家"的被捕是对所有试图入侵美国电脑系统的"黑客"发出的警告。美国对此类电脑袭击事件十分重视。在过去的几个星期里，美国中央情报局对这个超级电脑"黑客"展开了调查，并向以方提供情报，最终协助以方逮捕了"分析家"。

人们估计"分析家"很可能是美国中央情报局日前逮捕的两名加利福尼亚少年的网上导师。美国五角大楼官员说，这批电脑"黑客"侵袭的对象是美国国防部、美国海军军事中心、美国航空航天局及一些大学电脑系统的非机密人员名单及工资表。加州索诺马镇被捕的两名少年中一个称，他已进入了 200 个美国学院电脑系统。

由于同一系统资源共享，侵袭非机密系统也可能调出机密资料，因此以"分析家"为首的这批"黑客"的存在令美国国防部大为不安。美国国防部副部长约翰·哈姆雷说，这是至今五角大楼发现的"最有组织和有系统的"电脑入侵案。

美国电脑专家丹·贾斯帕与加州圣罗萨的一个网络服务商首先发

现了这个网上"黑客"——"分析家"的存在。正是贾斯帕协助美国中央情报局查获了据称是"分析家"指导下的两个加州"黑客"。

被捕后，"分析家"及其同伙被拘押在特拉维夫南郊的贝特亚姆警察局。警方没收了他们的护照。

"黑客""分析家"在被捕前接受一家网上杂志的采访时称，他入侵电脑系统并不犯法，甚至对侵袭对象"有益无害"。"分析家"说，他经常帮助他侵袭的服务器修补漏洞，他暗示"一个有恶意的'黑客'所做的则远胜于此"。

至此，海湾战争期间对美国五角大楼的"黑客"入侵追捕告一段落。

"黑客"的出现，使人们对网络系统安全的信心产生了动摇。专门开发对付病毒方法的 S&S 国际公司的艾伦·所罗门认为："不论你上多少道锁，总会有人找到办法进去。"美国众议院议长纽特·金里奇也曾在一次会议上指出："网络空间是一个人人都可进入的自由流动区，我们最好做好准备，以便应付我们做梦也想不到的对手在各个领域的发明创造力。"这说明，在未来信息领域的斗争中，网络"黑客"将是最可怕、最难对付的敌手之一。

有矛就有盾，难对付也要想办法对付。目前世界各国最常用的方法就是加装密码软件。这种软件是一种由 40 位信息量组成的程序，可分别为文本、图像、视频、音频等加密，使用简便，安全性强。但"道"高，"魔"更高。自 1995 年 8 月以来，这种密码软件接二连三地数次被破译，甚至是新推出的更加安全的新一代软件，也仍被两名对密码学感兴趣的加州伯克利大学的研究生发现了其中的漏洞。目前，计算机网络的使用者们已经把对网络安全问题的关心提到了首位，迫切希望计算机硬件和软件公司能够开发出更加安全可靠的"密钥"，以使人们对网络的安全性达到信赖的程度。

　　进入 20 世纪 90 年代,随着网络"黑客"袭击案例的增多,美军在加强电脑网络防护能力、防止外来"黑客"入侵的同时,又在积极筹建"主动式黑客"部队,即组建一支类似"黑客"的"第一代电子计算机网络战士",这些"网络战士"将以计算机为武器,用键盘来使敌人瘫痪,操纵敌人的媒体,破坏敌人的财源,从而达到"不战而屈人之兵"的战争目的。

　　除美国外,目前其他发达国家也在积极加强网络的安全性建设。1995 年夏天,北约从联合国维和部队手中接管了波黑的维和行动权,它进驻波黑后的首项任务就是安装了一个巨大的通信网络。这个网络在对波黑塞族实施空中打击行动中,发挥了巨大作用,许多作战计划就是通过这个网络来传送的。但是,随着联网的军用网络节点的日益增多,网络安全性问题也变得日益突出。为此,参战的北约各国又加紧给这套网络系统加装了"防火墙"和其他数据安全措施。可以预见,在未来的战争中,如何利用计算机网络这柄锋利的双刃剑,将是决定战争胜负的重要因素之一。

快速更替的电脑